U0311944

可见光响应光催化材料的设计、合成及性能研究

孙元元◎著

吉林大学出版社

·长春·

图书在版编目（CIP）数据

可见光响应光催化材料的设计、合成及性能研究 /
孙元元著 . —长春：吉林大学出版社，2020.8
ISBN 978-7-5692-6851-5

Ⅰ.①可… Ⅱ.①孙… Ⅲ.①光催化—材料—研究
Ⅳ.①TB383

中国版本图书馆 CIP 数据核字（2020）第 147663 号

书　　　名	可见光响应光催化材料的设计、合成及性能研究
	KEJIANGUANG XIANGYING GUANGCUIHUA CAILIAO DE SHEJI、
	HECHENG JI XINGNENG YANJIU
作　　　者	孙元元 著
策划编辑	李潇潇
责任编辑	李潇潇
责任校对	柳　燕
装帧设计	中联华文
出版发行	吉林大学出版社
社　　　址	长春市人民大街 4059 号
邮政编码	130021
发行电话	0431-89580028/29/21
网　　　址	http://www.jlup.com.cn
电子邮箱	jdcbs@jlu.edu.cn
印　　　刷	三河市华东印刷有限公司
开　　　本	710mm×1000mm　1/16
印　　　张	14.5
字　　　数	152 千字
版　　　次	2020 年 8 月第 1 版
印　　　次	2020 年 8 月第 1 次
书　　　号	ISBN 978-7-5692-6851-5
定　　　价	68.00 元

前　言

近年来，国家逐渐意识到以牺牲环境为代价换来的经济增长是不可取的，虽然国家在 1994 年提出可持续发展战略，但是直到 2003 年提出科学发展观才真正对于环境污染的防治开始高度重视。纵观污水处理的方法，主要有物理吸附法、化学氧化法、微生物处理法、催化电解、膜技术等。随着光催化技术研究的不断深入，光催化技术的优势日益凸显出来，即可直接利用太阳光将有机污染物彻底矿化，无须消耗其他能源，不产生二次污染，开发成本低。尽管光催化技术在环境净化领域极富吸引力和应用前景，但是经过 40 多年的研究，光催化技术仍难以实现高效廉价的转化。究其原因主要有以下三点：一方面，目前的研究主要集中在 TiO_2 等宽带隙半导体上，仅在紫外光范围响应，而 400 nm 以下的紫外光部分占太阳光总能量不足 5%[1]，太阳光能量主要集中在 400~700 nm 的可见光，对太阳光能的利用率较低，因而开发可见光响应甚至可以利用红外光的新型光催化剂是提高太阳光能利用率、实现光催化技术产业化的关键；另一方面，光催化过程中量子效率太低，光催化的活性与光生载流子的数量密不可分，TiO_2 中光诱导产生的电子和空穴不能及时迁移至表面参与氧化还原反应，比较容易复合，导致光转化为化学能的效率较低，因而设计有利于光生载流子的产生、分离和迁移的光催化剂具有重要意义；另外，目前的光催化剂的尺寸大多为纳米级别，给催化剂的分离和回收带来极大的不便。基于以上分析，寻找具有可见光响应同时具有较高的光生载流子分离效率和较好的光催化剂分离效果的高效、稳定、低廉的新型光催化材料成为目前光催化研究领域最重要的课题，也是光催化技术商业化开发的前提。如何提升光催化剂的光催化效率和分离效率是今后光催化研究中亟待解决的重要课题。

本书以可见光光催化材料为主要对象，总结了作者近几年在提升光催化材料的可见光光催化性能和分离效率方面的工作。通过设计并合成了 $\alpha - Bi_2O_3 / \gamma - Bi_2O_3$ 同质结来大幅提升材料的光吸收范围和光生载流子的分离效率，以此来提高材料的光催化降解性能；研究片状 Bi_2MoO_6 在蓝光 LED 灯下与 H_2O_2 之间的协同效应和光催化过程中的活性物种来探索光催化机理，为室内光催化的开展提供数据支持；通过设计核壳结构的 $NaYF_4$：Yb，Er/Bi_2MoO_6 上转换发光复合光催化剂来进一步提升 Bi_2MoO_6 对太阳光能的利用效率和光催化性能；探索使用电纺丝技术合成了三元化合物 $Bi_2MO_6(M = Mo，W)$ 纤维，在保证性能的前提下，实现光催化剂的分离，研究前驱体浓度、烧结温度和高聚物比例对Bi_2MO_6（M = Mo，W）纤维形貌、分离性能及样品的光催化性能的影响；同时探索并合成了磁场下可快速分离的磁性$ZnFe_2O_4$八面体，样品具有超顺磁性，5 min内可在磁场下彻底分离，以期在尽量保持高的光催化性能的基础上，实现光催化剂和污水间的快速分离。

人们希望能够找到光响应范围较宽、电荷分离效率高、能充分吸收利用太阳光的高效可分离光催化剂，这种需求随着环境的日益恶化变得越来越迫切。本书通过设计异质结、耦合高级氧化技术和拓宽光谱响应来提高光催化剂的光催化效率，通过研究电纺丝技术和磁性材料来探讨光催化剂的分离问题。希望本书能够为光催化领域的科研工作者助益。

目　录
CONTENTS

第一章　绪　论

1.1　引言

改革开放以来，中国参与全球化分工力度加大，凭借优惠的政策、廉价的劳动力和几乎为零的环境成本，大批海外企业入驻中国，中国制造走向世界。最近三十年，随着制造业的迅速发展，经济列车的不断提速，我国进入了环境高风险时期，各种环境污染事件层出不穷，且事件的发展规模、损害后果、污染类型等也日趋扩大，给人类的生存环境构成了极大的威胁。中石油苯胺污染事件、镉污染事件、岳阳砷污染事件、亚硝酸超标事件、血铅事件等等，不断挑战着公众对环境污染的忍受底线，也使公众的环境意识逐渐觉醒，公众逐渐意识到环境污染的可怕。2013年3月上海黄浦江松江段江面漂浮上千头死猪，6月中石油污水直接排放造成大量的牲畜死亡，再次将环境安全议题推向舆论的风口浪尖。随着媒体对特大污染事件的报道，公众对环境污染事件的维权意识越来越强，因环境污染引起的群体性事件呈上升趋势，各级政府因公共环境污染事件承受的舆论压力也越来越大，而政府也必将为环境污染付出高额的代价。

近年来，国家逐渐意识到以牺牲环境为代价换来的经济增长是不可取的，粗放的。虽然国家在1994年提出可持续发展战略，但是直到2003年提出科学发展观才真正对于环境污染的防治开始高度重视。一是加大对于环境污染治理的投入力度，对于已经产生的污染坚决治理到底，中央财政资金投入逐年加大。二是不断提高工业废水的排放标准，切实从源头切断污染源，降低至环境可承受范围，如2008年将太湖流域的工业废水排放指标中氨氮含量从10 mg/L提高到5 mg/L，化学需氧量从100 mg/L提高到50 mg/L；逐年提高水质监测标准，2012年增至106项，部分地区增至162项。三是对于环境污染治理方面的研发经费也逐年增长，积极开发和储备新型高效的环境治理技术，尤其是水资源的治理技术。2006年国家专门针对水环境的治理成立国家科技重大专项——水专项，从2006年立项，2008年启动，到2013为止，在水专项上我们设立了78个项目，358个课题，中央财政资金一共支持55亿元，再加上地方匹配的资金大概80多亿元，水专项实施后投入了过百亿的资金。大量资金的投入显示出环境污染的严重性，也凸显了寻找低成本、高效率、清洁的环境治理技术的重要性和紧迫性。纵观污水处理的方法，主要有物理吸附法、化学氧化法、微生物处理法、催化电解、膜技术等，其中光催化技术以其可直接利用太阳能，无须消耗其他能源，即可将水中的有机物彻底矿化，且无二次污染，成本低，而备受青睐。

早在 19 世纪 20 年代，人们已经发现光在发酵工程中所起的催化作用以及涂料中的 TiO_2 具有使颜料褪色的"钛白"现象，这是因为颜料中的有机物质被去除的结果，也是最早观察到的光催化现象，而到了 19 世纪 50 年代，人们已经开始对 ZnO 光催化氧化 CO 等气体以及表面形成 H_2O_2 机理展开研究，但一直没有引起广泛的关注。直到 1967 年，当时还是东京大学研究生的 Fujishima 教授在一次试验中对放入水中的二氧化钛单晶进行了光线照射，结果发现水被分解成了氧和氢，这一效果作为 Honda – Fujishima Effect 而闻名。由于是借助光的能量促进氧化还原分解反应，因此后来将这一现象中的二氧化钛称作光触媒。这种现象相当于将光能转变为化学能，当时正值石油危机，世人对新能源的期待甚为殷切，因此这一发现在 1972 年一经发表，就作为从水中提取氢的划时代方法受到了瞩目。虽然很难在短时间内提取大量的氢气，用于新能源的开发终究无法实现，但光电转换这一现象及其过程机理引起了世界范围内科学家的广泛兴趣，并使光催化技术得到了飞速的发展。鉴于光催化机理及过程中的活性物种被逐一发现，光催化技术的应用研究已经不仅仅局限于光催化制取 H_2 和 O_2，而是广泛发展到光催化氧化有机污染物，光催化抗菌，光催化固定

CO_2等领域。光催化技术是利用光照条件下产生的超氧自由基等强氧化基团将污染物彻底矿化为 CO_2 和 H_2O，或者破坏细菌的蛋白质组织导致细菌死亡，从而达到污水处理或抗菌的目的，也可通过产生的具有高还原电势的电子将 CO_2 还原为有机燃料。该技术具有反应条件温和、反应设备简单、深度降解、无二次污染等优点，鉴于该技术在环境净化方面具有巨大的潜力和广阔的应用前景，越来越多的科学家开始进军这个领域，光催化方面的科研论文数量也急剧上升（图 1－1）。

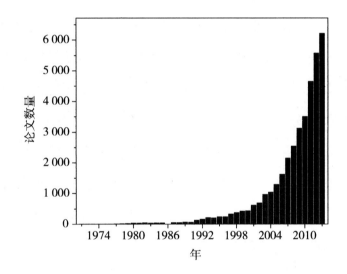

图 1－1　1971—2013 年 SCI 索引每年收录的光催化论文数量（主题关键词：photocatalytic）

尽管光催化技术在环境净化领域极富吸引力和应用前景，但是经过 40 多年的研究，光催化技术仍难以实现高效廉价的转化。究其原因主要有以下三点：一方面，目前的研究主要集中在 TiO_2

等宽带隙半导体上，仅在紫外光范围响应，而 400 nm 以下的紫外光部分占太阳光总能量不足 5%，太阳光能量主要集中在 400～700 nm 的可见光，对太阳光能的利用率较低，因而开发可见光响应[2]甚至可以利用红外光的新型光催化剂是提高太阳光能利用率、实现光催化技术产业化的关键；另一方面，光催化过程中量子效率太低，光催化的活性与光生载流子的数量密不可分，TiO_2 中光诱导产生的电子和空穴不能及时迁移至表面参与氧化还原反应，比较容易复合，导致光转化为化学能的效率较低，因而设计有利于光生载流子的产生、分离和迁移的光催化剂具有重要意义；另外，目前的光催化剂的尺寸大多为纳米级别，给催化剂的分离和回收带来极大的不便。基于以上分析，寻找具有可见光响应同时具有较高的光生载流子分离效率和较好的光催化剂分离效果的高效、稳定、低廉的新型光催化材料成为目前光催化研究领域最重要的课题，也是光催化技术商业化开发的前提。新型光催化剂的研究焦点很多都放在二元或三元等复杂结构的氧化物上，通过实验研究已经证明具有光催化性能的新型光催化剂主要有 9 类，所对应的代表材料如表 1 - 1 所示。人们希望能够找到光响应范围较宽、电荷分离效率高、能充分吸收利用太阳光的高效可分离光催化剂，这种需求随着环境的日益恶化变得越来越迫切。

表1-1 按体系新型光催化材料的分类

光催化材料	代表物质
氧化物、硫化物	CuO_2、SnO_2、CuO、CdS、CuS、Bi_2O_3
钛酸盐类	$Bi_4Ti_3O_{12}$、$Bi_{12}TiO_{20}$、$Bi_2Ti_2O_7$、Sr_4TiO_3、$BaTi_4O_9$
钽盐	$ABi_2Ta_2O_9$($A=Ca$,Sr 和 Ba)、$NaTaO_3$
铌盐	Bi_3NbO_7、Bi_2MNbO_7($M=Al$,Ga 和 In)、KNb_3O_8、$K_4Nb_6O_{17}$
钒盐	Bi_2AlVO_7、$BiVO_4$
卤氧化铋	$BiOX$($X=Cl$,Br 和 I)
卤氧铅锑	$PbSbO_2X$($X=Cl$,Br 和 I)
钨钼酸盐类	Bi_2MoO_6、Bi_2WO_6、$CaMO_4$($M=W$ 和 Mo)
铁酸盐类	$ZnFe_2O_4$、$CaFe_2O_4$、$NiFe_2O_4$
其他体系	$BiPO_4$

1.2 半导体光催化的基本原理

目前，TiO_2 的使用和研究最为广泛，人们普遍接受的半导体光催化机理也是基于 TiO_2 得来的。半导体都具有区别于金属或绝缘物质的特别的能带结构，即由充满电子的价带(valence band, VB)和空的导带(conduction band, CB)构成。电子在价带和导带是非定域化的，可以自由移动。且在理想状态下，半导体价带顶和导带底之间存在一个带隙，带隙中不存在电子，这个带隙被称为禁带(forbidden band, band gap)，禁带宽度一般用 E_g 表示。禁带宽度是衡量半导体内价带电子跃迁至导带难易程度的重要的物

理参数。禁带宽度越大，价带的电子越难以跃迁；反之，越容易
跃迁。由于被激发后的电子和产生的空穴拥有各自所在能带的电
势能，因此半导体的导带越负，其电子的还原能力越强，价带位
置越正，其空穴的氧化能力就越强。图1-2给出了常见半导体禁
带宽度以及价带和导带相对于标准氢电极的电极电位和真空能级
的相对位置[3]。从热力学角度出发，半导体的能带位置与被吸附
物质的氧化还原电势决定了半导体光催化反应能否进行。

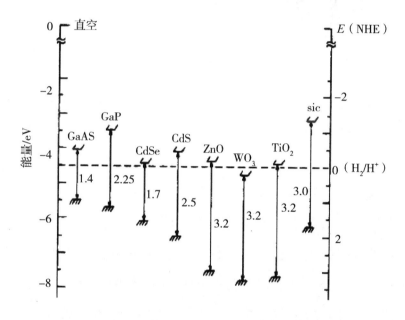

图1-2 pH=1时各半导体的价带、导带位置[3]

半导体光催化反应的过程主要分为以下三个阶段：光吸收和
载流子的激活，光生载流子的分离与迁移以及发生表面催化反应，
如图1-3所示。

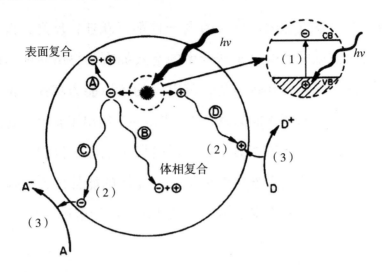

图1-3 半导体光催化的作用机理和催化反应过程示意图[3]

(1)光的吸收和激发。根据能带理论,半导体的光吸收阈值 λ_g 与禁带宽度 E_g 具有以下关系:

$$\lambda_g = 1\,240/E_g \qquad (1-1)$$

光吸收阈值是指半导体需要吸收大于或者等于这个波长的能量的光,价带的电子才能够被激发。那么由式(1-1)可知,半导体的禁带宽度越大,激发半导体所需要的光的能量就越高,因此常用的宽带隙半导体的吸收波长阈值大都在紫外区域。当半导体受到高于吸收阈值的光照射时,半导体价带的电子就会发生带间跃迁,即从价带跃迁到导带,从而在导带上产生具有高活性的电子(光生电子,e^-),同时在价带上留下一个空穴(光生空穴,h^+),这样就形成了电子-空穴对,光生电子和空穴统称为光生载流子。

(2)光生载流子的迁移和复合。在光的激发下产生电子-空

8

穴对后，光生载流子在内电场的作用下或者通过扩散的形式由颗粒内部向外部迁移。但在迁移的过程中，电子－空穴对会发生去激发反应，如图1－3中A和B过程所示，大部分的光生载流子会迁移至颗粒表面发生表面复合或直接在体相内发生体相复合，这也是制约光催化反应效率的主要原因之一。当然还有一部分电子或空穴会迁移至半导体颗粒表面与吸附在表面的分子发生氧化还原反应。也就是说，被激活的电子－空穴对，主要存在复合和输运两个相互竞争的过程。对催化过程来说，光激发产生的载流子有效迁移到表面并与电子供体或受体发生作用才是有效的。载流子迁移的概率和速率取决于导带和价带各自的谱带边沿位置以及被吸附物质的氧化还原电位。与金属不同的是，半导体的能带间缺少连续区域，电子－空穴对的寿命相对较长，以 TiO_2 为例，表1－2列出了光催化过程的重要步骤以及光生载流子相应的特征时间。比较表中特征时间可知，界面电荷转移的总量子效率由两个过程决定，一是光生载流子的内部复合与光生载流子的捕获（时间尺度为 ps～ns）之间的竞争，二是被捕获载流子的复合与界面电荷的迁移（时间尺度为 μs～ms）之间的竞争，延长光生载流子的寿命或者提高界面电荷转移速率都可提高量子效率。由于载流子的捕获速度相当快，在 ps 级别，因此当存在合适的俘获剂、表面缺陷态或其他作用（如电场作用）时，可抑制电子与空穴重新相遇而发生湮灭的过程，它们将更容易分离并迁移到表面进而与吸附物发生相互作用。

表1-2　TiO₂光催化有机污染物的重要步骤及其相应的特征时间[4]

初级过程	特征时间
光生载流子的产生 $TiO_2 + h\nu \rightarrow h_{vb}^+ + e_{cb}^-$	(fs)
光生载流子的捕获 $h_{vb}^+ + \; >Ti(\text{IV})OH \rightarrow \{>Ti(\text{IV})OH \cdot \}^+$ $e_{cb}^- + \; >Ti(\text{IV})OH \longleftrightarrow \{>Ti(\text{III})OH\}$ $e_{cb}^- + \; >Ti(\text{IV}) \rightarrow \; >Ti(\text{III})$	快（10 ns） 浅层捕获（100 ps） 深层捕获（10 ns）
光生载流子的复合 $e_{cb}^- + \{>Ti(\text{IV})OH \cdot \}^+ \rightarrow \; >Ti(\text{IV})OH$ $h_{vb}^+ + \{>Ti(\text{III})OH\} \rightarrow Ti(\text{IV})OH$	慢（100 ns） 快（10 ns）
界面电荷迁移 $\{>Ti(\text{IV})OH \cdot \}^+ + R_{ed} \rightarrow \; >Ti(\text{IV})OH + R_{ed} \cdot^+$ $e_{tr}^- + O_x \rightarrow \; >Ti(\text{IV})OH + O_x^-$	慢（100 ns） 很慢（ms）

注：$>TiOH$ 表示 TiO_2 的初始水合表面功能性；

e_{cb}^-：导带电子；

e_{tr}^-：被捕获的导带电子；

h_{vb}^+：价带空穴；

R_{ed}：电子供体，即还原剂；

O_x：电子受体，即氧化剂；

$\{>Ti(\text{IV})OH \cdot \}^+$：被表面捕获的价带空穴，即表面键合的氢氧自由基；

$\{>Ti(\text{III})OH\}$：被表面捕获的导带电子。

（3）表面反应。到达半导体粒子表面的电子和空穴将发生氧化还原反应，如图1-3所示，其中光生电子还原电子受体A的电子转移反应称为光催化还原，光生空穴氧化电子给体D的电子转移反应称为光催化氧化。氧化还原反应中，除了如式（1-2）和（1-3）所示的光生载流子与目标分子的直接作用外，此时吸附在纳米颗粒表面的溶解氧可俘获电子形成超氧自由基（·O_2^-），而空穴将吸附在催化剂表面的氢氧根离子和水氧化成自由基基团，如羟基自由基（·OH）和HOO·，如式（1-4）～（1-6）所示。而超氧自由基和氢氧自由基具有很强的氧化性，能将绝大多数的有机物氧化至最终产物 CO_2 和 H_2O，甚至对一些无机物也能彻底分解。

$$D + h^+ \rightarrow D^+ \qquad (1-2)$$

$$A + e^- \rightarrow A^- \qquad (1-3)$$

$$H_2O + h^+ \rightarrow H^+ + \cdot OH \qquad (1-4)$$

$$O_2 + e^- \rightarrow \cdot O_2^- \qquad (1-5)$$

$$\cdot O_2^- + H^+ \rightarrow HOO \cdot \qquad (1-6)$$

1.3 光催化过程的活性物种

半导体被大于其禁带宽度的光能激发后产生电子和空穴，如式（1-7）所示，随后电子和空穴迁移至颗粒表面，空穴与电子分别与吸附在粒子表面的水分子［如式（1-4）］、溶解氧［如式（1-5）］以及其他物质发生反应，如式（1-8）、（1-9）、（1-12）、（1-14）和（1-15）所示的反应等，传递出自身的能量，最终形成具有高活性和强氧化性的羟基自由基·OH 和超氧自由基·O_2^- 等强氧化基团，进而形成一系列的活性物质[5]，光生电子和空穴也有可能在迁移的过程中或者在光催化剂的表面发生复合，释放出

本身的能量，如式（1－17）所示。主要的反应过程有

$$光催化剂 + h\nu \rightarrow h^+ + e^- \tag{1-7}$$

$$H^+ + e^- \rightarrow H \tag{1-8}$$

$$h^+ + OH \rightarrow \cdot OH \tag{1-9}$$

$$h^+ + D \rightarrow D\cdot \tag{1-10}$$

$$2\cdot O_2^- + H_2O \rightarrow O_2 + HO_2^- + OH^- \tag{1-11}$$

$$HO_2^- + h^+ \rightarrow HO_2\cdot \tag{1-12}$$

$$2HO_2\cdot \rightarrow O_2 + H_2O_2 \tag{1-13}$$

$$HO_2\cdot + e^- + H^+ \rightarrow H_2O_2 \tag{1-14}$$

$$H_2O_2 + e^- \rightarrow OH^- + \cdot OH \tag{1-15}$$

$$H_2O_2 + \cdot O_2^- \rightarrow \cdot OH + OH^- + O_2 \tag{1-16}$$

$$h^+ + e^- \rightarrow 热量 \tag{1-17}$$

其中·OH 具有很强的氧化性，通过实验和理论的方法均可以确定光催化过程中·OH 的存在。电子顺磁共振（EPR）和荧光光谱法（PL）是检测·OH 自由基的常用手段[6-7]。如图 1－4 所示是 TiO$_2$ 在紫外光照射下 DMPO（5，5－二甲基－1－吡咯啉－N－氧化物）捕获的 EPR 信号，在光照下样品出现 DMPO－·OH 加合物的 EPR 特征信号，即 1∶2∶2∶1 的四重峰，且信号的强度随着光照时间的延长不断增强，从而证明·OH 的浓度在光照下不断增加。化学法检测·OH 主要是利用有机物本身无荧光性能，但和·OH 加合后具有较强的荧光性能这一特性，常用的有机物为香豆素和对苯二甲酸[9]，式（1－18）、（1－19）所示为香豆素和

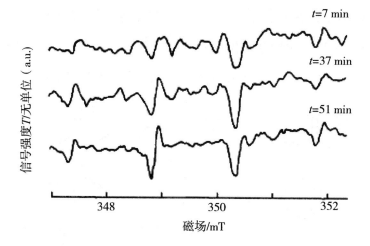

图 1-4 PHOTOPERM CPP/313 标准薄膜在 UV 照射过程中 DMPO - ·OH 自旋加合物的 EPR 信号，TiO_2 的量为 30 ± 3 wt.%，DMPO 溶液的浓度为 50 mol/L。EPR 测试仪的测试条件为中心场 = 349.5 mT，扫描步长 = 10.0 mT，扫描时间大约 60 s[8]

对苯二甲酸的分子结构式以及与羟基自由基加合后的产物，所得的加合产物具有较强的光致发光特性，光致发光的强度与羟基自由基的浓度呈线性关系，可以定性地检测羟基自由基的浓度变化。普遍认为·OH 自由基的形成机理是空穴氧化机制，也就是说空穴与催化剂表面的羟基[式(1-9)]或水分子反应而得，然而最近也有研究证明，空穴不能直接氧化水分子得到·OH 自由基，而可能是空穴通过亲核攻击氧化晶格氧得到·OH 自由基[10]。·OH 自由基具有能氧化大部分的有机污染物及部分无机污染物的能力，并可将污染物最终降解为 CO_2、H_2O 等无害物质。由于·OH 对反应物几乎没有选择性，因而在光催化氧化中起着关键性的作用。

表1-3给出了各个氧化物质的氧化能力对比和氧化电势电位，从表中可以看出·OH的氧化电位为2.80 V，比作为消毒杀菌剂被广泛使用的次氯酸、过氧化氢和臭氧等具有更强的氧化能力。

$$\text{（结构式）} + \cdot OH \longrightarrow \text{（结构式）} \qquad (1-18)$$

$$\text{（结构式）} + \cdot OH \longrightarrow \text{（结构式）} \qquad (1-19)$$

表1-3 各种氧化剂的氧化电位

氧化剂	氧化电位/V	相对氧化电位(对数值)
氢氧根自由基	2.80	2.05
氧原子	2.42	1.78
臭氧	2.07	1.52
过氧化氢	1.77	1.30
双氧自由基	1.70	1.25
次氯酸	1.49	1.10
氯气	1.36	1.00

其次空穴也是最为主要的强氧化物质之一，其迁移速度为价带顶空带所对应的电子移动速度，氧化电位与半导体的价带位置密切相关。光生的空穴可在 ns 内被捕获，在 TiO_2 表面，空穴有深和浅两种捕获位存在，其中浅捕获位的空穴容易热激发回价带，与自由空穴建立转化平衡，浅捕获空穴和自由空穴具有较强的迁

移性和反应活性，而深捕获空穴的氧化性较弱。浅捕获的空穴可以将表面的污染物直接氧化，也可以与其他物质，比如 HO_2^- 等，进一步形成其他自由基基团。空穴无特定选择性，可氧化大多数有机污染物。

另外，研究表明超氧自由基 $\cdot O_2^-$ 也是光催化过程中的非常重要的一类氧化物质[11]。通常认为，由溶解氧和光生电子相互作用产生，还可以继续与水溶液中的水分子[如(式1-11)]，氢离子[如(式1-6)]）和 H_2O_2 [如(式1-16)]等形成强氧化基团。$\cdot O_2^-$ 自由基在水溶液中的多少取决于溶解氧的量，其氧化电位为1.70 V，如表1-3所示，其氧化能力次于过氧化氢。此外在氧化物半导体中，也可在半导体表面形成晶格氧自由基[12]。超氧自由基可以通过 DMPO 进行捕获并在顺磁共振上检测，由于超氧自由基在水溶液体系中不稳定[13]，会发生如式(1-11)所示的歧化反应，转化为 HO_2^- 和氧气，因此需要在有机溶剂，如甲醇中进行捕获和检测。图1-5显示了 TiO_2 溶液中紫外光照下 DMPO 捕获的ESR 信号，如图中所示，在无光照的情况下120 s 后仍没有任何信号，而在紫外光照射下，TiO_2 和 N 掺杂的 TiO_2 均出现DMPO - $\cdot OOH/\cdot O_2^-$ 加合物的 ESR 的特征信号峰，即一个连续的六重特征峰[14]，以此来证明 $\cdot O_2^-$ 的存在。在光催化过程中，$\cdot O_2^-$ 是仅次于 $\cdot OH$ 自由基和空穴的活性氧化物种，可攻击中性底物和表面吸附的自由基和自由基离子，尤其是表面吸附的有机物过氧自由基。$\cdot O_2^-$ 可直接与有机物过氧自由基反应将有机污染物彻底矿化降解或发生歧化反应生成具有更高氧化能力的物质 H_2O_2，或者捕获空穴生成单线态氧 $^1O_2$[15-16]。单线态氧 $^1O_2$ 在大气、生物和医学领域作为活性氧物质被广泛研究，而在光催化领域，由 Nosaka 等人首次通过近红外磷光的方法发现[17]。对四种有机物的研究表明，在 TiO_2 体系的水溶液中，有机物分子吸附在光催化剂表面，在脉冲照射下可以快速生成单线态氧 $^1O_2$，这说明，单线态氧 $^1O_2$ 的存在有利于有机物的光催化降解[16]。

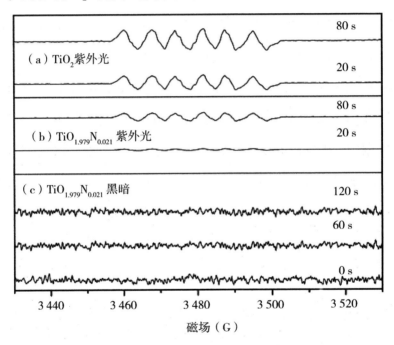

图 1－5　在含有 4－CP/$TiO_{1.979}N_{0.021}$ 的乙醇溶液中 UV 照射下 DMPO 自旋捕获的 ESR 信号：催化剂用量为 0.5 g L^{-1}；4－CP 浓度为 10 mg L^{-1}；DMPO 浓度为 1.6 × 10^{-2} mol/L[14]

H_2O_2 俗称双氧水，是一种强氧化剂，也是光催化过程中的中间产物，Oya 等人专门研究了 H_2O_2 的作用机制[18]。其氧化电位为 1.77 V，并可通过式(1-15)和(1-16)生成更强的氧化基团羟基自由基。

目前已经确定的氧化性基团有未捕获或者已经被捕获的空穴、·OH、·O_2^-、H_2O_2、单线态$^1O_2$、O_2 和受到攻击后的有机物自由基中间产物等。

此外需要注意的是，在降解不同的有机物时，由于有机物自身性质以及降解条件的差异，使得光催化反应中起主要作用的活性物种会有不同。研究工作者在研究过程中为了更好地了解其机理，可在实验中额外加入活性物种的捕获剂，使特定活性基团更有效地参与目标反应，加快反应速度或者达到研究反应中活性物种的作用[19,20]。常用的捕获剂有空穴捕获剂、羟基自由基捕获剂或者电子捕获剂，而常用的空穴或者羟基自由基捕获剂有 EDTA、甲醇、异丙醇、KI、SO_3^{2-} 等，常用的电子捕获剂有 $C(NO_3)_4$、SF_6、Ag^+、H_2O_2、O_3 等。

1.4　光催化技术的应用

光催化的基本原理是光催化剂在光照下被激发产生光生电子和空穴，电子和空穴迁移至催化剂表面与目标物发生氧化或者还原反应。从基本原理出发，光催化技术有两个方面的应用，即利用空穴以及后续生成的自由基进行氧化反应方面的应用和利用电子进行还原方面的应用。从氧化的角度讲，光催化技术可以用于室内外有机污染物的氧化净化、水体系中的有机无机污染物的氧化降解、器件及医疗用品的光催化杀菌三大方面；从还原的角度讲，光催化技术可以利用电子还原能力进行光解水制氢气和还原 CO_2 生成有机化合物（即模拟自然界的光合作用）两大应用，后者主要是将光能转换为化学能存储。除此之外，光催化技术还可以应用于污水中的氨氮降解、自洁净玻璃、防雾玻璃等等。

1.4.1 室内外挥发性气体污染物的光催化氧化

挥发性有机污染物是常见的室内外污染物，造成大气污染的原因，既有自然因素又有人为因素，尤其是人为因素，如工业废气、燃烧、汽车尾气和核爆炸等，主要成分有二氧化硫、氮氧物、一氧化碳等。室内污染的最大来源为装修材料，不外乎人造板材、夹心板、胶、漆、涂料、黏合剂、花岗岩、大理石、瓷砖及石膏等，这些材料多多少少均含有甲醛、苯、氨、氡等四种污染物，零污染的装修材料是不存在的。从各行业工厂、建筑材料、家具、交通工具和电器等释放到大气的挥发性有机化学物质多达350 种，这些化学物质刺激人的眼、鼻、喉和肺等器官，会引发人类和动物呼吸系统、神经系统、生殖系统、循环系统以及免疫系统的功能异常，出现头晕头痛、呼吸困难、眼睛流泪、感冒等身体不适症状，长期吸入甚至可以引起白血病、脑损伤、胎儿畸形、发育不正常和癌症等难治之症。以 TiO_2 为例，在大于 387 nm 的光照下，价带中的电子会被激发到导带，形成带负电的高活性电子 e^-，同时在价带上留下一个带正电的空穴 h^+。在内电场的作用下，电子与空穴迁移到粒子表面的不同位置。热力学研究证明，分布在表面的 h^+ 可以将吸附在 TiO_2 表面的 OH、H_2O 分子等氧化成羟基自由基[21]。而羟基自由基能氧化大多数的有机污染物，并将其最终分解为 CO_2、H_2O 等无害物质。利用光催化技术降解气相污染物的实验研究和理论模型已有大量报道[22-25]。到目前为止，对于大气及室内污染物光催化净化的研究体系主要集中在 TiO_2 上，常见的大气污染物，如氮氧化物[26]、硫氧化物[27]、甲醛[22]、苯类[28]等均可以通过光催化技术降解。美、日已经有利用光催化技术制备的空气净化设备，用于处理室内、隧道、医院内的有害气体；开发的家用和车用光催化空气净化器也具有良好的净化空气、杀菌、除尘的效果。国内也出现了与灭蚊灯结合的光触媒空气净化设备，利用紫光灯杀虫的同时进行空气净化和杀菌。

1.4.2 水中污染物的光催化降解

光催化技术最早被发现是从人们发现"钛白"现象开始，1976年，Carey 小组报道了二氧化钛在紫外光照射下可以降解多氯联苯[29]，继而引发了人们对光催化技术用于环境治理的关注。水中的污染物主要来源于工业废水、生活废水以及农业污水，涉及的种类主要有有机磷化合物（杀虫剂、农药等）、含卤代芳香化合物、表面活性剂、染料、烃类、苯类、酚类、醚类、聚合物、药品、个人护理品以及重金属离子等。目前的水处理技术主要有物理吸附法、化学氧化法、微生物处理法等等，存在着成本高、易产生二次污染、适用范围窄等难题。研究表明，通过非均相半导体光催化反应可以降解有机污染物，将其矿化为 CO_2、H_2O 和无机盐。相对于其他高级氧化技术，如臭氧、紫外线、过氧化氢、Fenton 试剂、氯气等，光催化技术仅需人工光源或太阳光，以空气中的氧气作为氧化剂，无须加入其他试剂，就可以深度降解几乎所有的有机污染物，显示出巨大的优势，尤其是对于常规物化和生化水处理技术难以应对的高浓度、高毒性、难降解有机污染物。如染料废水因其色度高和毒害作用强而难于处理，而利用光催化技术在几个小时内就可将多种染料彻底脱色和氧化。另外，农药废水具有高毒性的特点，常规的微生物在其中无法生存，农药废水的处理一直是困扰科研人员的一个难题，而光催化技术无疑是解决这个问题的最佳途径。光催化技术能破坏含磷和含氮的有机化合物的分子结构而使其丧失毒性，继而被彻底分解为无毒的无机盐。

1.4.3 光催化抗菌

细菌主要由脂类、蛋白质、酶类以及核酸大分子等组成，归根结底都是由 C、H、O、N、P 等基本元素组成的有机物构成，而光催化剂在光照下产生的羟基自由基、超氧自由基以及其他高活性氧化基团都可以直接或通过一系列氧化链式反应而对生物细胞结构产生损伤性破坏，导致细菌死亡。1985 年，Matsunaga 课题组首次报道了 TiO_2 在紫外灯照射下可以消灭大肠杆菌的活性[30]，研究结果显示，负载了 Pt 的 TiO_2 粉体可以在 120 min 内成功抑制革兰氏阳性菌嗜酸乳杆菌、酿酒酵母菌、革兰氏阴性菌大肠杆菌和小球藻的活性，这一原创性的工作激发人们开始了对 TiO_2 光催化杀菌性能的研究。后来 Ireland 等人发现在流动的水器皿中锐钛矿相的 TiO_2 对培养的革兰氏阴性菌大肠杆菌具有抑制作用，并且用去除氯的自来水和地表水进行评估，发现对纯培养物和自然水样中生长的菌群都可以快速地杀死，这一工作为 TiO_2 作为饮用水消毒剂提供了可能性，这一远见也奠定了他们的工作在抗菌领域的深远影响力[31]。最近的抗菌研究开始转向那些抗性强的微生物、真菌类的微生物，所有的研究结果均证明，光催化技术对于医疗和饮用水的抗菌处理具有非常诱人的前景。

1.4.4 光催化分解水产氢

20 世纪 70 年代初，日本学者 Honda 和 Fujishima 首先通过 TiO_2 发现了这一现象[12]。此后，国内外对光催化材料的研究一直集中于 TiO_2 及其衍生材料。相对于其他材料，TiO_2 具有无可比拟的优势，如合成可控、成本低、具有合适的能带结构、机理研究较为透彻等等。并不是所有的材料均是光解水材料，光催化材料若想实现光解水制氢气，需要满足两个关键条件：（1）禁带宽度应在 1.23 eV 到 3.26 eV 之间；（2）半导体材料的导带底要比 H^+/H_2(0 V vs NHE) 的氧化还原电位更负，与此同时，价带顶要比 O_2/H_2O(1.23 V) 的氧化还原电位更正。光催化分解水的反应是个"上坡反应"，反应过程中其吉布斯自由能增加 238 kJ/mol，反应可逆，这就意味着反应的发生需要高能量的光子来克服能垒。此外，其逆反应也会和产氢反应相竞争，为了克服这一缺陷，有两种主要解决途径：一是加入牺牲剂，二是表面负载过渡金属氧化物和贵金属。在过去的数十年中，人们已经发现的具有光解水制氢能力的半导体光催化剂包括以 CdS 为代表的硫化物体系、以 TiO_2 为基础的钛酸盐体系以及铌酸盐和钽酸盐体系。

1.4.5 光催化还原二氧化碳

近年来，种种原因导致排放到大气中的 CO_2 含量不断增加，所产生的"温室效应"可造成海平面上升，极地冰川融化等重大破坏生态平衡问题，引起越来越多学者的关注。但随着家庭汽车的普及和工业经济的发展，对石化燃料需求的不断增长和化石燃料有限储量之间的矛盾升级，利用 CO_2 作为碳源来合成有机物燃料成为研究的热点。由于光催化过程中产生的高活性电子，让人们很容易联想到光催化技术。只要空穴电位大于参与反应的被氧化物的氧化电位，电子的还原电位低于要参与光催化反应的被还原物的还原电位，光催化还原 CO_2 的过程就会发生。这里以光催化还原 CO_2 为 CH_4 为例：

$$催化剂 + h\nu \rightarrow e^- + h^+ \tag{1-20}$$

$$氧化反应：H_2O + 2h^+ \rightarrow 1/2O_2 + 2H^+ \tag{1-21}$$

$$还原反应：CO_2(aq) + 8e^- + 8H^+ \rightarrow CH_4 + 2H_2O \tag{1-22}$$

这里，选用的半导体光催化剂只要产生的空穴（h^+）的氧化电位大于 O_2/H_2O 的氧化电位，电子（e^-）的还原电位低于 CO_2/CH_4 的还原电位，就可以还原 CO_2 产生甲烷。研究表明，光催化技术确实可以还原 CO_2 生成甲烷、甲醇、甲酸等有机物。例如 Sharma 小组研究发现，中性红复合的 TiO_2 在水介质中可以将 CO_2 还原为甲酸和甲醛，并且光的强度、中性红的浓度等参数会影响产物的产量[32]。另外，通过设计可将染料敏化区和催化区分开，可以有效地促进电荷分离，促使 CO_2 的还原和氧气的产生在不同的催化电极上，避免了生成的有机化合物再次被氧化，大幅

提升了 TiO_2 薄膜还原 CO_2 生成甲酸、甲醛和甲醇的效率[33]。从目前来看，利用光催化技术来还原 CO_2 是 CO_2 转换利用的一条较好途径。由于此反应利用光能将 CO_2 转化为有机物，此过程将光能转化为化学能存储，类似自然界中的光合作用，因此又称此反应为"人工光合作用"。

1.5　光催化性能的影响因素和改进措施

　　光催化剂被广泛开发和研究已经近半个世纪，但光催化剂的活性依然没有满足产业化的实际需求。迄今为止，仅有紫外光响应的 P25（复合 TiO_2，锐钛矿 80%，金红石相 20%）在西班牙等阳光充沛的国家得到小规模的试用，但其对太阳光的利用率很低，无法大规模试用。除此之外，还没有一种催化剂的活性可以达到产业化的要求。要提高光催化剂的反应活性，首先需要了解光催化活性的影响因素及其作用的机理，以方便我们有针对性地提出解决措施。多相光催化反应由一系列复杂的表面化学物理过程构成，催化剂的组成、晶体结构、粒径、比表面积、表面羟基、处理温度、外场等都可能对其产生影响，围绕这些影响因素，科学家们已经做了大量翔实的研究工作，并取得了许多共识。总的来说，影响光催化性能的因素主要有半导体光催化剂本身的能带结构和位置、光催化剂的合成条件和光催化反应的反应条件。半导体的自身的能带结构和位置决定了半导体光催化剂的光吸收范围、光生电子和空穴的迁移能力以及光生电子和空穴的氧化还原能力；光催化剂的合成条件决定了样品的晶相和晶体结构、比表面积、表面态、活性晶面、粒径等，这些因素会影响光生载流子的迁移速率和活性反应位的多少；而光催化反应的反应条件，如外场、pH、温度、光源、催化剂浓度等，这些会改变反应进程，或者改变反应途径，从而对光催化性能产生影响。

1.5.1 半导体自身的能带结构和位置对光催化性能的影响

（1）无机半导体的光吸收性能强烈地依赖于该化合物的电子结构。

半导体的禁带宽度决定了其价带上电子跃迁的难易程度，从而影响自身的光吸收性能。式（1-1）给出了半导体光吸收阈值与禁带宽度的关系，由式（1-1）可以看出，禁带宽度越小的半导体，电子跃迁需要的光子能量越小，电子跃迁越容易，需要的激发光的波长也越长，从而使激发波长可以延伸到可见光区域甚至红光区域。反之，半导体的禁带宽度较大，激发所需要的光子能量越大，激发波长会越短，甚至缩短到紫外光区，则只能利用太阳光能中的紫外光成分，在模拟太阳光下的光催化性能势必较差。比如，研究最多的 TiO_2、ZnO，其禁带宽度为 3.2 eV，产生光生电子和空穴的激发波长为 380 nm 左右的紫外光。而正交相的

Bi_2MoO_6，禁带宽度为 2.7 eV，对应的激发波长在 500 nm 附近，就可以利用太阳光中的可见光成分。光催化技术的发展趋势就是直接利用太阳光作为激发光源，大幅降低人工能量输入，降低成本，以达到商业化运行。图 1-6 所示为太阳光能的能谱分布。从图 1-6 中可以看出，太阳光的光谱涵盖了从 200 nm 到 400 nm 的紫外波段一直延伸至 3 μm 左右的远红外波段。从能量的角度看，紫外波段占整个太阳光能量的 4% 左右，可见光区域占到 47%，远远高于紫外波段所占的能量，红外和远红外波段也占据了 49%，虽然红外光和远红外光的绝大部分波长太长，光子能量无法达到破坏化合物化学键所需要的最小能量(大约 1.0 eV)[34]，但最近的研究表明红外和远红外光可以引起化合物分子产生机械振动和旋转，转化为热能并产生热电子，有助于光生电子的激发，从而可以提高光催化性能[35]。但从光催化剂激发的角度讲，只有紫外光和可见光部分能够激发光催化剂，从商业化的角度讲，发展太阳光下的光催化技术即开发可见光响应并尽可能地利用太阳光所有能量的光催化剂更加有意义。

目前提高光催化剂光吸收能力的措施主要有对宽带隙半导体进行掺杂、敏化、开发新型可见光响应光催化剂、复合上转换发光材料等措施。

人们发现 TiO_2 能光催化降解有机染料和饮用水后，就意识到 TiO_2 仅能对紫外光响应的局限性，为了尽可能地提高 TiO_2 对太阳光能的利用率，科研人员开始尝试元素掺杂的方式来提升 TiO_2 的

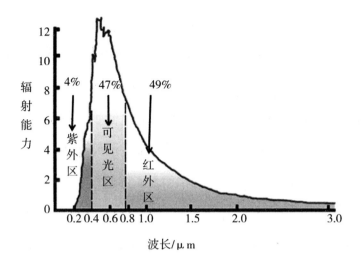

图 1-6 太阳光光谱组分组成图

光吸收能力。元素掺杂的原理主要是在禁带中接近价带顶或者导带底的位置插入一个杂质能级，减小禁带宽度，从而拓宽光催化剂的光谱响应范围，提高其光催化效率。元素掺杂主要包括原子掺杂和离子掺杂，而离子掺杂按照离子种类的不同又可以分为金属离子掺杂[36]和非金属离子掺杂。金属离子的掺杂主要是通过不等价离子替换，实现 n 型或者 p 型掺杂，从而降低价带电子跃迁所需的能量。目前研究比较多的主要是各种过渡金属离子的掺杂，如 V[37]、Fe[38]、Co[39]、Cu[40]、Ce[41]、Zr[42]、Sr[43]、Bi[44]、Cr[45] 等。早在 1994 年，Choi 研究小组已经对金属掺杂离子在光催化过程中所扮演的角色及光生载流子复合的动力学过程进行了分析。通过对 21 种金属离子掺杂的量子化 TiO_2（2～4 nm）进行系统的研究发现，掺杂离子的种类和掺杂量对光催化剂的催化活性、光生载流子的复合速率和界面电子的迁移速率均有重大的影响。

掺入 0.1at. % ~ 0.5 at. % 的 Fe^{3+}、Mo^{5+}、Ru^{3+}、Os^{3+}、Re^{5+}、V^{4+} 和 Rh^{3+} 离子可以很大程度地增大 TiO_2 光催化剂光催化氧化和光催化还原活性，而掺入 Co^{3+} 和 Al^{3+} 则会降低 TiO_2 的光催化活性。上述金属离子的掺杂都可以引起 TiO_2 吸收边红移，从而提高 TiO_2 对可见光的利用率。Anpo 小组还通过对比分析了各种金属离子掺杂引起 TiO_2 吸收边的红移量，结果表明，不同离子掺杂所引起的红移量也不同，排序如下：V > Cr > Mn > Fe > Ni。非金属离子的掺杂是近几年研究的热点，掺杂涉及的非金属元素主要有 N[46]、C[47]、F[48]、B[49]、P、S[50 - 51]、Si[52] 等。早先，Sato 等人[53] 就报道了在合成中加入 NF_4OH 时，会得到黄色的 TiO_2，且所合成的 TiO_2 在 434 nm 的可见光下可光催化氧化 CO 和甲烷，比没处理的 TiO_2 的性能提升了。分析发现所合成的 TiO_2 的光谱得到敏化得益于其中的 NO_x 杂质。但当时并没有引起人们的注意，直到 2001 年，Asahi 课题组[54] 报道他们合成的 $TiO_2 - N$ 薄膜和粉末样品在小于 500 nm 的可见光照射下比纯的 TiO_2 具有更好的光催化降解亚甲蓝和气相污染物乙醛的能力，并通过第一原理计算和 X 射线荧光光谱证明了 N 通过取代晶格 O 原子的方式掺入 TiO_2，并缩短了 TiO_2 的禁带宽度，导致吸收光谱显示 TiO_2 的吸收边红移，拓宽至可见光区。随后，关于 N 掺杂 TiO_2 的研究层出不穷，且掺杂元素不仅仅局限于 N，而是拓展到 C、F、S、B 等众多非金属元素。

　　有机染料光敏剂敏化也是一个非常有效的拓宽宽带隙光催化

材料吸收光谱范围的手段[55]。这里以宽带隙半导体 TiO$_2$为例，介绍一下有机染料光敏剂敏化的基本原理。原理如图 1-7 所示。

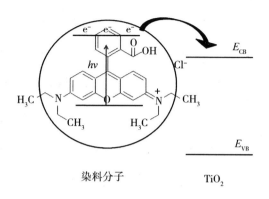

染料分子　　　　　　　TiO$_2$

图 1-7　染料敏化机理示意图

将有机染料分子通过化学或者物理的方法紧密结合在光催化剂的表面，当可见光照射时，即可吸收可见光并产生电子，随后将电子注入 TiO$_2$的导带上，可获得与单独用紫外光激发半导体一样的效果，导带上的电子再与表面吸附的物质进一步形成自由基等活性基团，并发生光催化反应。由于有机染料能被更宽波长范围的光所激发，所以引入有机染料光敏剂可提高宽带隙半导体对可见光的响应。这种方法多用于光电转换和太阳能电池的制备[55]，近年来也越来越多地用于光催化反应[56-57]。彭志光等人研究发现红色酸性染料伊红敏化的 Ti-MCM-41 沸石可在可见光照射下高效产氢，经分析，通过有机染料敏化是一个让沸石对可见光响应的绝佳途径，在大于 420 nm 的可见光照射下，敏化的 Ti-MCM-41 沸石表观量子产量可达 12.01%，所得的光催化剂连续使用 60 h 仍然非常稳定，同时他们也发现，结合在催化剂表面的染料分子的量会很大程度上影响产氢速率，一系列的表征表明光能转化为化学能确实是通过电子从染料分子上转移到沸石中的 TiO_x 上，从而实现可见光的利用[58]。陈代梅课题组为了在可见光反应中更好地利用可见光，用卟啉锌对 N 掺杂的 TiO_2（N – TiO_2）纳米颗粒进行敏化，卟啉锌包括 ZnTCPP｛［tetrakis（4 – carboxyphenyl）porphyrinato］zinc（Ⅱ）｝和 ZnTPP｛［tetraphenyl-porphyrinato］zinc（Ⅱ）｝。研究结果表明，ZnTCPP 和 N – TiO_2 发生配位作用形成 C—O—Ti 键化学吸附在 TiO_2 表面，而 ZnTPP 则只是物理吸附在 N – TiO_2 上。敏化了卟啉锌后的 N – TiO_2 在可见光区域显示了更强的光吸收能力，并在可见光照射下显示出更好的光催化降解亚甲蓝的性能[59]。总体来讲，有机染料敏化分子对光催化性能的提升取决于有机光敏剂本身的光稳定性以及能否紧密结合在光催化剂表面。

鉴于掺杂带来光催化剂的不稳定性和有机染料敏化剂容易脱落并存在被光催化剂缓慢降解的可能性，开发新型可见光光催化剂被学者们认为是提高太阳光能利用率的有效途径。新型可见光光催化剂主要以多元氧化物（$A_xB_yO_z$）为代表，组成体系主要有 ABO_4、A_2BO_6、AB_2O_4 等类。Kudo 等人用水热法制备了一系列具有良好光催化活性的钒酸盐半导体。其中具有代表性的是 $BiVO_4$（带隙为 $2.3 \sim 2.4$ eV）[60]，单斜晶系的 $BiVO_4$ 在 450 nm 波长光照下，光解水的量子效率可达 9%。王文中课题组系统地研究了 Bi 系列的光催化材料，从 Bi 基材料的结构特点，即具有 $Bi_2O_2^{2+}$ 层结构，研究了 Bi_2MoO_6[61]、Bi_2WO_6[62]、$Bi_2Fe_4O_9$[63]、Bi_5O_7I[64]、$BiOCl$[65]、$BiOBr$[66]等具有可见光光催化活性的物质。研究其他体系的也较多，邹志刚课题组系统地研究了铟酸盐系列的半导体材料，并从结构特点出发研究了 $CaIn_2O_4$[67]、$BaIn_2O_4$、$SrIn_2O_4$[68]等物质的可见光光催化活性。通过降解亚甲蓝的实验发现，$CaIn_2O_4$的光催化性能较其他两者高，在 580 nm 可见光照射时表现出最高的活性[69]。此外，中国科学院兰州物理化学研究所的吕功煊研究员发现一类新的光催化剂 $ZnFe_2O_4$，具有尖晶石结构，研究表明没有贵金属负载的 $ZnFe_2O_4$ 粉末在可见光下可以产氢，在 $ZnFe_2O_4$催化剂重量为 25 mg，硫酸盐浓度为 0.1 mol·L^{-1}作为牺牲剂和 pH 为 12 的条件下，产氢速率可达 0.026 mL/h，氢气的产生速率跟溶液的 pH 有关，$ZnFe_2O_4$光催化剂在 pH8 到 12 的范围都可以有效地分解 H_2S 并产生氢气，同样条件下，$ZnFe_2O_4$的产氢性能明显高于 ZnS – CdS 的复合相[70]。后来引起科学家们接连研究了 $NiFe_2O_4$[71]、$MnFe_2O_4$[72]、$CaFe_2O_4$[73]等铁酸盐。叶金花等人研究发现用湿化学法制备的 $CaBi_2O_4$在可见光条件下具有较好的降解甲醛和亚甲蓝的效果[74]。此外还有一些更为复杂的多元化学物，例如邹志刚课题组采用固相法制备了正交晶系$M_{2.5}VMoO_8$（M = Mg，Zn），并测试了可见光分解水制 O_2的特性，发现 $Mg_{2.5}VMoO_8$和$Zn_{2.5}VMoO_8$的导带分别由 V 3d 或 Mo 4d 组成，$Mg_{2.5}VMoO_8$的价带由 O 2p 组成，而 $Zn_{2.5}VMoO_8$的价带则是由 O 2p 与 Zn 3d 组成的杂化轨道；虽然 $Zn_{2.5}VMoO_8$价带杂化轨道既不能降低带隙能量又不能使价带向上移动，但是 O 2p 与 Zn 3d 的杂化轨道可以提高光生空穴的迁移率，从而有利于O_2的生成。多元氧化物是一类具有丰富元素组成和能带结构的新型窄带隙光催化材料，有较大的研究和发展价值。

最近，随着人们对上转换发光材料研究的进展，越来越多的研究者将焦点转移到上转换发光材料，认为利用上转换发光材料或许可以进一步扩大可见光材料对太阳光能的利用率。这一观点最早在TiO_2上得到证实。以Er^{3+}/Yb^{3+}共掺上转换发光材料为例，上转换发光材料拓宽光催化材料利用光谱范围的机理如图 1 - 8 所示。将红外光转换为可见光的方式有两种：一种是通过Er^{3+}与Er^{3+}之间能量叠加的方式将Er^{3+}激发到更高能级的能带上，进一步发生辐射跃迁，发出各种可见光；另一种是通过Er^{3+}与Yb^{3+}之间的能量转移使Er^{3+}被激发到具有更高能量的能级上，进而通过弛豫和辐射跃迁的方式回到基态，并发出可见光。不管哪一种方式，都可以增强光催化材料对红外光的利用率。辽宁大学的王君教授合成了上转换发光材料 $40CdF_2 \cdot 60BaF_2 \cdot 0.8Er_2O_3$，该上转换发光材料在荧光光谱中可以发出 5 个上转换荧光发射峰，且发射光的波长均在 387 nm 以下，把合成的上转换发光材料通过超声和沸腾分散的方法掺入纳米锐钛矿TiO_2中，并对该TiO_2光催化剂在可见光下的光催化性能进行了表征。结果发现，所合成的样品可在可见光下降解甲基橙染料，在可见光下降解主要通过一个全新的模型，即通过上转换发光材料发出紫外波长的光激发TiO_2从

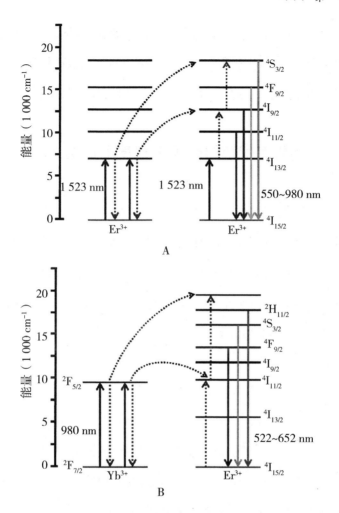

图 1-8 Er³⁺/Yb³⁺共掺上转换发光材料的上转换发光机理：A. 通过
Er³⁺与Er³⁺之间能量转移红外向可见转换的上转换方式；B. 通过Er³⁺
与Yb³⁺能量转移发生的上转换方式[75]

而产生光催化性能。并将复合上转换发光材料的TiO₂光催化剂和
没有复合的光催化剂的性能做了对比，发现20 h的可见光照射
后，前者对甲基橙的降解率达到32.5%，明显高于后者的1.64%

的降解率，说明上转换发光材料可以有效地转换可见光变为紫外光从而激发 TiO_2 产生电子 – 空穴对[76]。这一工作引起了众多科学家的兴趣，复合上转换发光材料被广泛地用于其他光催化材料的研究[77-78]。

（2）半导体的能带结构会很大程度上影响光生电子的分离效率。

由图 1 – 3 我们得知，光生电子和空穴产生之后开始迁移，但两者之间具有相互作用，可在体相内部或者表面再度复合，从而丧失各自的活性，影响光催化性能。为了提高光生载流子的分离效率，专家和学者开始研究光生电子 – 空穴对的复合过程，Nosaka 等人在研究 CdS 的光激发过程中发现，光生电子和空穴的反应速率可以表达为下式：

$$-\mathrm{d}[e]/\mathrm{d}t = k_e[e] + k_r[e][h] - g(t) \qquad (1-23)$$

$$-\mathrm{d}[h]/\mathrm{d}t = k_h[h] + k_r[e][h] - g(t) \qquad (1-24)$$

其中，[e] 和 [h] 分别是导带中光诱导产生的电子的浓度和价带中光诱导产生的空穴的浓度，$g(t)$ 表示光生电子和空穴的不同时间的生成速率，函数 $g(t)$ 与激光的时间特征有关系，k_e 和 k_h 分别是光生电子和空穴的衰减的速率常数，这个速率常数包括光生电子空穴复合在内的所有反应的速率，通常认为受电子向吸附在 CdS 表面物质的迁移控制，k_r 表示光生电子 – 空穴对的复合速率。

式(1 – 23)经过变换可得

$$k_r = \frac{g(t) - \dfrac{\mathrm{d}[e]}{\mathrm{d}t} - k_e[e]}{[e][h]} \qquad (1-25)$$

从式(1-25)可知，光生电子－空穴对的复合速率 k_r 与生成的速率 $g(t)$ 成正比，也就是说单位时间内复合的光生电子－空穴的数量与产生的数量成正比关系。从光激发的角度我们得知，禁带宽度越大的材料，越难被激发，单位时间内产生的电子－空穴对数量越少；禁带宽度越窄，越易被激发，单位时间内产生的电子－空穴对量越多。因此材料的禁带宽度越窄，光生电子－空穴对就越容易发生复合。光生电子和空穴复合就没法进一步发生表面催化反应，导致光催化活性降低，因此要想实现光生电子和空穴的有效分离，则要求光催化材料的禁带宽度越大越好，这刚好与光激发所要求的条件相反。我们选择光催化剂时，既要光催化剂比较容易被太阳光能激发，又要光生电子和空穴能够有效分离，这就要求光催化材料具有合适的禁带宽度。

由式(1-25)可知，光生电子－空穴对的复合速率还与电子（或者空穴）的迁移速率 k_e（或者 k_h）有关，光生电子（或者空穴）的迁移速率 k_e（或者 k_h）越大，复合速率 k_r 就越小。从内因看，半导体光催化材料光生电子－空穴的迁移能力跟其能带结构密切相关。为了便于表述和理解，我们这里以单斜相的 $BaWO_4$ 和 $BiVO_4$ 为例来具体说明半导体材料的能带结构如何影响光生电子和空穴的迁移能力[79]。在 $BaWO_4$ 的价带顶，缺乏 Ba 6s 轨道的参与，基本是由 O 2p 轨道组成，这导致该半导体的价带顶存在很强烈的局域化作用，从而使该处的能级曲线呈现高而尖的形状，如图1-9A 所示。$BaWO_4$ 价带顶的这种强烈的局域化作用使得价带内的光生空穴被局限在该区域内无法沿着价带向其他地方迁移，导致光生电子和空穴的分离效率大幅降低，这也是 BaWO₄ 光催化性能不佳的一个重要原因。相反，在单斜相 BiVO₄ 的价带顶则是由 Bi 的 6s 轨道与 O 的 2p 轨道相互作用形成的杂化轨道，具有很高的离域性，在能态图上表现为价带顶能级曲线的尖锐度大幅降低，如图 1-9B 所示。在这种情况下，光生空穴就比较容易在价带内部迁移，大幅降低光生电子和空穴的复合概率，同时有更多的空穴迁移到光催化剂的表面，提高光催化剂的光催化反应能力，使得 BiVO₄ 的光催化活性比 BaWO₄ 要高得多。

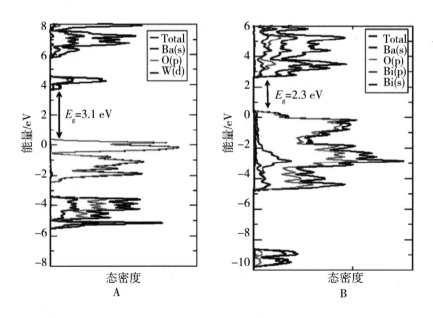

图 1-9　单斜相 BaWO₄(A)和正交相 BiVO₄(B)的能态密度曲线图[79]

从外因的角度看，目前提升光生电子-空穴对分离效率的方法主要有负载贵金属、负载石墨烯、宽窄系半导体复合、同质结等。

贵金属负载。贵金属的费米能级一般比较低，当被负载到其他光催化剂上后，两者的费米能级持平，费米能级的持平使得电子从半导体光催化材料向金属流动，形成能捕获光生电子的肖特基势垒（Schottky barrier）[80]，从而将光生电子导走，避免了光生电子和空穴的相遇，降低了光生电子和空穴的复合效率。Loy 等研究了 Pt/TiO$_2$ 光催化分解水的反应[81]，结果发现，相比单一的 TiO$_2$，负载了 Pt 的光催化剂具有更高的光解水性能。付贤智等人的研究表明[82]，通过溶胶凝胶法可将铂修饰到 TiO$_2$ 表面，且负载 1wt.% Pt 的 TiO$_2$ 比单一 TiO$_2$ 对苯具有更高的降解率和矿化率。李灿课题组的研究还发现，贵金属负载可以大幅提升 TiO$_2$ 光解水产氢的能力[83]，且随着 Pt 负载量的不同，产氢速率也不同，如图 1 - 10 所示，Pt 最佳的负载量为 0.11 wt.%[84]。并通过红外光谱等表征手段对光催化反应动力学的进一步研究[85]发现，贵金属负载的主要作用是提升了光生电子 - 空穴对的分离效率，抑制了光生电子和空穴的复合。另外，Wang 课题组[86]通过对表面负载 Ag 颗粒的 ZnO 的研究发现，Ag 的负载可以显著地提高对橘黄 G 的光催化效率，通过对表面结构、光致发光光谱等的研究发现，负载的 Ag 颗粒在此的功能是作为电子的"蓄水池"，如图 1 - 11 所示，由于 ZnO 具有较高的功函数，所以 ZnO 具有更低的费米能级，导致电子从 Ag 颗粒上转移到 ZnO 中形成了新的费米能级，在光照条件下，ZnO 价带的电子被激发到导带，具有较高能量的

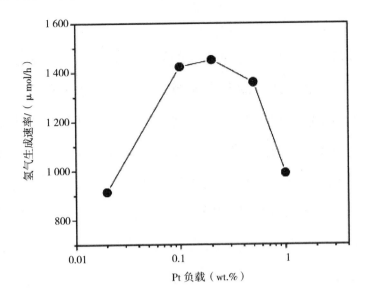

图 1 - 10　产氢速率随 Pt 负载量的变化

注：实验条件为 0.3 g 催化剂，悬浮液由 160 mL H_2O 和 40 mL CH_3OH 组

成，光源为 300 W Xe 灯，冷却水循环[84]

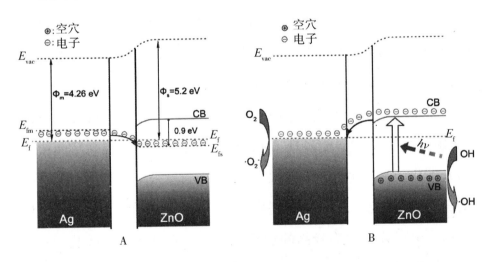

图 1 - 11　A. 不施加光照的条件下 Ag 和 ZnO 的费米能级能带结构图；B. 费米能级

匹配后 Ag/ZnO 在紫外光照射下内部电荷的迁移机理[86]

光生电子向 Ag 的费米能级转移，将光诱导产生的电子与空穴分开，提高了光生电子和空穴的分离效率，同时增加了表面羟基的数量，形成了更多的羟基自由基等活性基团，进而增强了光催化降解效率。但需要注意的是，沉积过多的贵金属会减少催化剂的比表面积，同时还易形成电子空穴的复合中心，且加入铂对活性也有较大的影响。

负载石墨烯(graphene)被认为是另一非常有效的提高光生电子和空穴分离效率的方法。石墨烯是一种由 sp^2 杂化的碳原子以六边形排列形成的周期性蜂窝状二维新纳米材料，其厚度只有0.335 nm。2004 年曼彻斯特大学物理学教授 Geim 和 Novoselov 等人首次采用机械剥离的方法制得了石墨烯[87]。石墨烯的理论比表面积高达 2 600 m^2/g[88]，具有突出的导热性能和力学性能，特别是在室温下电子迁移率高达 250 000 $cm^2/(V \cdot s)$[89]。此外，它还具有半整数霍尔效应[90]、独特的量子隧道效应[91]、双极电场效应[92]等一系列特殊性质。通常认为，石墨烯提高光生电子和空穴分离效率的机理与负载贵金属类似，石墨烯具有较高的功函数，在光照下光催化材料产生的电子会流向石墨烯，抑制了光生电子和空穴的复合概率，从而提高光催化性能。但石墨烯的主要成分是 C，储量丰富，不像贵金属昂贵稀有，尤其是其优良的导电性能和巨大的比表面积，为目前光催化反应中的瓶颈问题提供了可行途径，一经问世就引发了研究石墨烯的热潮。Zhang 等人[93]认为还原型石墨烯(graphene reduced)作用于 TiO_2 可提高其光催化效率，正是因为石墨烯具有优良的导电性能，激发电子不会在光催化材料周围聚集，而是流入了石墨烯层状结构中，提高了光生电子与空穴的分离效率。此外，他们还发现石墨烯与 Ti—O—C 化学键相互作用，可以改变 TiO_2 原有的禁带宽度，使得 TiO_2 在可见光区显示出较大的光化学活性，从而增大了 TiO_2 对可见光的利用效率。戴宏杰教授课题组[94]采用水热法将 TiO_2 负载在氧化型石墨烯(graphene oxide，GO)片层结构上，使得 TiO_2 在 GO 表面氧化基团处生长出细小晶粒，然后再加入 H_2O/二甲基甲酰胺溶液得到复合样品。该方法制备的光催化剂 TiO_2 与氧化石墨烯具有更好的结合性，TiO_2 晶粒在氧化石墨烯上分散得更加均匀，促使激发电子更加迅速地迁移至氧化石墨烯片层结构上。这样合成的 TiO_2/氧化型石墨烯复合材料对罗丹明－B 的光催化效率可以达到 80%，而单一 TiO_2 的光催化效率仅有 30%。然而 Zhang 等人[93]合成的复合样品中 TiO_2 颗粒主要分布于还原型石墨烯的片层结构边缘以及隆起区域，主要是这些结构区域中存在大量的氧化性基团，可以为 TiO_2 晶体生长提供合适的反应位。Amal 等人[95]将 $BiVO_4$ 与氧化还原型石墨烯(reduced graphene oxide，简写为 RGO)复合，制备的复合光催化剂 $BiVO_4$－RGO 的光化学活性区向长波长光区移动，并通过光电流的方法对其表征。结果表明，与纯 $BiVO_4$ 相比，复合 RGO 后，样品的光电流强度和稳定性显著增加，这说明光生电子与空穴被有效分离。

复合半导体。复合半导体可以分为半导体－绝缘体和半导体–半导体复合两类。在前一类复合物中，绝缘体起载体作用，对光生电子和空穴的分离没有太大的作用，不再赘述，这里主要介绍后一类复合体。半导体与半导体复合能否提高光生电子和空穴的分离效率则依赖于两者的相对禁带宽度和价带导带的相对位置。不同物质的半导体复合称之为异质结，同一物质不同物相的半导体复合称之为同质结。在此，以同质 pn 结为例来阐述同质结促进光生电子和空穴分离的机理。p 型半导体有电子和空穴两种可移动的载流子，其中空穴的数量远大于电子，n 型半导体中电子多于空穴，如图 1–12(a)所示。如果把 p 型和 n 型半导体结合在一起，在它们的界面处就会存在一个载流子浓度差，p 区的空穴多于 n 区，n 区的电子多于 p 区，在浓度差驱动下 n 区的电子向 p 区扩散，p 区的空穴向 n 区扩散。n 区电子离开后，留下固定的正电荷，同理 p 区留下固定的负电荷。这些电荷所在的区域就叫空间电荷区，空间电荷区的电荷产生从 n 区指向 p 区的电场，称为内建电场[96]。内建电场可抑制浓度差驱动的扩散运动，当抑制作用与扩散作用达到动态平衡时，就形成了 pn 结。当大于半导体禁带宽度的光子能量照射 pn 结时，由本征吸收在结的两边产生电子–空穴对。由于 pn 结内内建电场的存在，结两边的少数载流子向相反方向运动，p 区电子穿过 pn 结进入 n 区，n 区空穴穿过pn 结进入 p 区，这样就实现了光致电荷的分离。单独的半导体在光照下产生的光生载流子也可以迁移，但由于没有内建电场，光致电荷随机运动，容易复合。

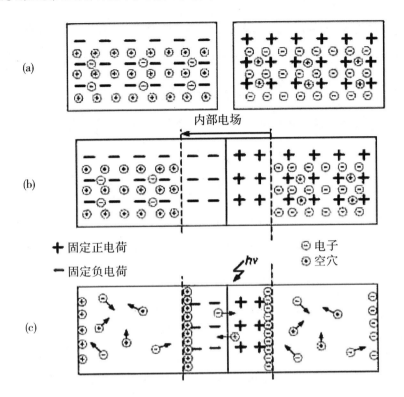

图 1 - 12　pn 结示意图：(a) 单独的半导体；(b) 形成 pn 结；(c) 光照时 pn 结的电荷迁移[96]

上述过程也可以用能带理论来阐述，如图 1 - 13 所示。在形成 pn 结之前，p 型半导体的费米能级低于 n 型半导体，两者相互结合后，n 型半导体的电子开始向 p 型半导体迁移，导致 p 型半导体的能带整体向上移动，n 型半导体的能带整体向下移动，直到两者的费米能级相等，异质结就形成了，如图 1 - 13B 所示。在外在光源作用下，产生光生空穴和电子，由于两者导带位置的差异，使得光生电子向 n 型半导体迁移，光生空穴向 p 型半导体迁移，促使光生电子和空穴分离，抑制两者的复合。抑制 pn 结的种类繁多，但机理与同质结类似，不再赘述。

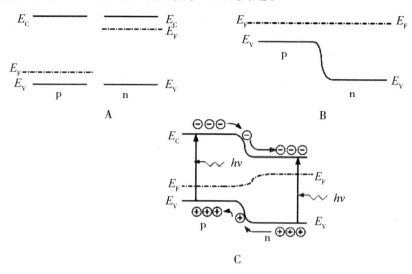

图1-13 pn结能带图：A 单独的半导体；B 半导体相互接触时形成 pn

结；C 当 pn 结被光照后电荷转移情况[96]

例如，Bessekhouad 等人[97]利用共沉淀法合成的 Bi_2S_3/TiO_2 异质结光催化剂，对其光催化实验的表征发现单一激发其中一个半导体时，其光生载流子的分离效率较高，当同时用紫外和可见光照射时，光生载流子的复合效率大幅增加，对光催化性能不利。当窄带隙半导体 CdS 与 TiO_2 复合时，在 CdS 半导体上产生光生电子并迁移到 TiO_2，一方面需要的激发光子能量低，另一方面这种迁移有利于光生载流子的分离，所以光催化活性随着 CdS 浓度的增大有明显提高[98]。基于半导体物理中 pn 结的概念来设计并合成异质结，以此提升半导体光催化剂光生载流子分离效率已经被普遍接受，科研工作者就这一概念也开展了丰富的研究工作，目前研究的体系主要集中在 TiO_2 体系，近年来逐渐向可见光响应光催化材料发展，其他的研究体系主要有 $CuBi_2O_4/Bi_2WO_6$[99]、$CaFe_2O_4/MgFe_2O_4$[100]、$ZnGa_2O_4/Ga_2O_3$[101]、Bi_2MoO_6/Bi_2WO_6[102]等，均证明这种结构确实可以有效地提高光生载流子的分离效率，从而提高光催化的效率。需要指出的是，半导体与半导体复合的效率还与两个半导体的构型有关，主要构型有点线型[103]、叠层型[104]、核壳型[105]和同轴型[106]（见图 1-14），点片型[107]，以点线结构和核壳结构比较常见。结构构型影响光吸收、电荷传递和传质等所有光催化过程。

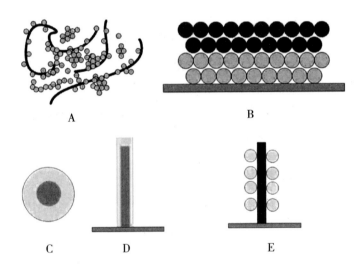

图 1-14　异质结的构型：**A.** 点线型，**B.** 叠层型，**C.** 核壳型，**D.** 同轴型，**E.** 点片型[96]

（3）半导体导带价带位置本质上决定了半导体光催化反应的能力

从光催化分解水制备 H_2 和 O_2 的研究发现，光催化材料的光催化性能与其价带和导带位置密切相关。光生电子的电势大约等于其所在导带的电势，光生空穴的电势大约等于其所在价带的电势，半导体价带的位置决定了光生空穴的氧化能力，导带的位置决定了光生电子的还原能力。热力学上要求的还原反应为被还原的物质的氧化还原电位要比半导体的导带位置更正，光催化氧化反应则是被氧化的物质的氧化还原电位比半导体的价带位置更负。对光解水产氢，我们知道标准氢电极的电势 $\varphi(H_2/H^+)$ 是 0 V，相对于标准氢电极，$\varphi(O_2/H_2O)$ 的电势为 +1.23 V，光催化分解水产氢是还原反应，利用导带的电子，这则要求光催化剂的导带电势必须小于 0，同理，产氧是氧化反应，利用的是价带的空穴，要求光催化剂的价带电势必须大于 +1.23 V。根据半导体能否产氢和产氧，半导体光催化材料的导带和价带的相对位置可以分为以下 5 类，如图 1-15 所示。当光催化剂的导带远远低于 0 V，价带远远高于 +1.23 V 时，该光催化剂可以用于制氢和产氧，但需要的激发光子能量过大，造成能源浪费，如图 1-15(a) 所示；当光催化剂的禁带宽度过窄，导带位置高于 0 V，其价带位置低于 +1.23 V，则该光催化剂既不能用于产氢也不能用于制氧，如图 1-15(b) 所示；当光催化剂的导带位置低于 0 V，但价带位置低于 +1.23 V 时，该光催化剂只能用于制氢而不能用于产氧，如图

1-15(c)所示；相反，当该光催化剂的导带位置高于 0 V，但价带高于 +1.23 V 时，光催化剂只能用于产氧而不能用于制氢，如图 1-15(d)所示；当光催化剂的导带位置稍低于 0 V，价带位置稍高于 +1.23 V 时，光催化剂既能从水中产氢也能够分解水制氧，且禁带宽度合适，可利用更长波长的光，如图 1-15(e)所示。

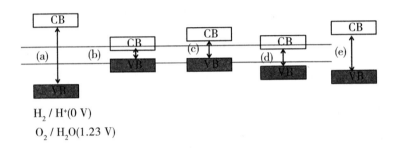

图 1-15　光催化材料的导带(CB)和价带(VB)的电势与 $\varphi(H_2/H^+)$ 和 $\varphi(O_2/H_2O)$ 的相对位置关系

对于光催化降解有机污染物，光催化剂的导带和价带位置同样很重要。表面看来，光催化降解的过程是一个氧化的过程，只需价带位置比被氧化降解的有机物的氧化还原电势更正。事实上，除了跟光催化材料的价带关系密切外，光催化剂的导带位置也同样重要，这是因为光催化过程中各种氧化性自由基的生成与光生电子的还原电势有很大关系。电子在超氧自由基的形成过程中起到关键作用，而超氧自由基在光催化过程中也是仅次于空穴和羟基自由基的重要的强氧化基团。当然，也只有光催化材料的导带和价带的电势达到一定的要求，所产生的空穴和电子才能与水中的物质发生反应生成各种自由基。

光催化性能包含两个部分，光催化的能力和光催化的效率[108]。前者反映光催化剂能否制氢和产氧或者能否激发特定的反应生成自由基基团进行光催化降解反应，取决于材料中光生电子和空穴的氧化还原电势，即光催化材料的导带和价带位置。后者反映光催化反应的快慢，与下面所要讲的材料的合成条件和光催化反应的条件有很大关系。

1.5.2 光催化材料的合成条件对光催化性能的影响

1. 晶型和晶相结构对光催化活性的影响

自然界中存在的半导体大都有不同的晶型。研究最多的 TiO_2 就有锐钛矿相、金红石相和板钛矿相三种不同的晶型。由于板钛矿难以合成，很少被用作光催化剂。锐钛矿相和金红石相的禁带宽度分别为 3.2 eV 和 3.0 eV，由于两者的单位晶胞的八面体畸变程度和八面体间相互连接的方式不同[109]，与金红石型相比，锐钛矿型二氧化钛表面态活性中心较多，所以光催化活性更高[110]。近年的实验结果也表明，光催化的性能排序为锐钛矿相 > 金红石相 > 板钛矿相。通常认为，Bi_2O_3 有四个物相，$\alpha-Bi_2O_3$、$\beta-Bi_2O_3$、$\gamma-Bi_2O_3$ 和 $\delta-Bi_2O_3$ 相，其中 $\alpha-Bi_2O_3$ 为低温相，$\delta-Bi_2O_3$ 为高温相，$\beta-Bi_2O_3$ 和 $\gamma-Bi_2O_3$ 为高温亚稳相，四个物相均有光催化性能。文献研究表明，制备工艺对 Bi_2O_3 的晶体结构有重要的影响，反应物配比和热处理工艺的不同很容易伴随相变的发生[111]。郝维昌课题组通过采用化学沉淀法制备了 α、β 和 γ 这 3 种晶体结构的 Bi_2O_3 光催化剂，并以罗丹明 B 作为模拟污染物，研究了不同的粉体光催化剂在可见光($\lambda > 420$ nm)照射下的光催化能力。研究结果表明，制备的 $\alpha - Bi_2O_3$ 为长 3 μm、宽 1 μm 的板条状颗粒，带隙为 2.84 eV；$\beta - Bi_2O_3$ 为粒径约 150 nm 的不规则颗粒，带隙为 2.75 eV；$\gamma - Bi_2O_3$ 则为直径 6 nm、长度 150 ~ 200 nm 的纳米管，带隙为 2.68 eV。在可见光照射下不同晶型 Bi_2O_3 光催化降解 RhB 的活性也不同，排序如下：$\gamma - Bi_2O_3 > \beta - Bi_2O_3 > \alpha - Bi_2O_3$，其中 $\gamma - Bi_2O_3$ 在辐照 60 min 后对罗丹明 B 的脱色率可达 97% 以上，显示出最高的光催化活性[112]。

晶体结构的空旷度对光催化性能也有影响。晶体结构空旷、堆积因子低的光催化材料具有高的电子－空穴对分离和传输能力，往往拥有高的光催化性能。黄富强课题组通过实验和文献对 47 个材料体系的 107 种化合物进行总结，建立空旷度模型，电子受体可选 n 型半导体、原子堆积紧凑(共价性强)的空旷度低的材料或(和)导带底电子轨道高度弥散的材料；空穴受体可选 p 型半导体、结构空旷的材料、局部结构畸变的材料(如介电材料)或(和)价带顶电子轨道高度弥散的材料；两相颗粒间化学结合界面的设计要求选择并优化材料制备工艺。根据空旷度模型，具有(局部)空旷结构的层状材料往往具有较好的光催化性能。据此，他们课题组研究了一系列氧氯化物作为新型高效光催化材料的可行性，

如 Bi_3O_4Cl、$Na_{0.5}Bi_{1.5}O_2Cl$、$MBiO_2Cl$（$M = Ca$、Sr、Ba、Cd、Pb）和 Bi_4NbO_8Cl 等，他们认为 Bi 基氧化物层和 Cl 层之间的强静电场能够促进光生电子－空穴的分离，这是这类结构空旷的材料具有高光催化性能的主要原因。在研究 Ga^{3+}、In^{3+}、Ge^{4+} 和 Cr^{6+} 等离子对 $\gamma - Bi_2O_3$ 掺杂的过程中，发现随着掺杂量上升，材料空旷度下降，其光催化性能也随之降低[113]。

另外，由于合成条件不同，所合成的晶相的晶格缺陷的量也会不同。研究表明，晶格缺陷是光催化反应中的活性位，例如，锐钛矿的 TiO_2 为一种亚稳相，其晶格内部存在更多的晶格缺陷和位错，在晶体内部和表面形成更多 Ti^{3+} 形式的氧空位，一方面氧空位处是 H_2O 分子被氧化为 H_2O_2 的反应活性中心，另一方面，氧空穴的大量存在使得空气中的 O_2 与晶格氧交换概率增大，有利于超氧自由基的生成。另外，缺陷处的 $Ti^{3+} - Ti^{3+}$ 间距（0.259 nm）比缺陷少的金红石型晶体中 $Ti^{4+} - Ti^{4+}$ 的间距（0.459 nm）小得多，使得锐钛矿表面羟基化程度大幅增加，而表面羟基可以捕获空穴，产生自由基，反应活性会大大增加[114]。

2. 比表面积的影响

光催化过程为多相催化反应，对于一般的多相催化反应，在反应物充足的条件下，当催化剂表面的活性中心密度一定时，比表面积越大，则活性越高。但光催化反应不是一般的多相催化反应，是由光生电子和空穴主导的氧化还原反应，在催化剂的表面不存在固定的活性中心，因此比表面积大小可能不是决定光催化反应的关键因素，但是决定反应基质吸附量的重要因素。其他因素相同的条件下，比表面积越大，吸附量越大，反应的效率就越高。尤其是对于气固相光催化反应，大比表面积的光催化剂能起到富集气相中低浓度气态污染物的作用，使基质反应更容易发生[109]。需要注意的是，比表面积的增大不能提高光催化剂的光催化能力，仅能提高其光催化效率。从材料合成的角度讲，提高比表面积的方法除了减小晶体粒径之外，主要还是通过形貌的调控来实现，比如合成多孔结构、多级结构[115]、介孔结构[116]、负载在分子筛上等等。

3. 表面态的影响

光催化反应发生在光催化剂的表面，晶体表面的原子键合状态与内部有很大的不同，内部原子基本都处于化学键饱和状态（缺陷处除外），而表面的原子大部分都处于化学键不饱和状态，具有较高的活性，势必会吸附各种不同的分子或者离子。由于表面性质的不同，表面吸附的物质的种类和状态也会有很大差别，因此光催化剂的表面态势必对光催化性能产生重大的影响。

首先是表面羟基数量的影响。例如，在二氧化钛表面存在着两种类型的 OH^- 化学键，一种在 $Ti(IV)$ 上弱键结合，呈碱性，易被加热脱除，一般不会对光催化活性产生影响，另一种是桥连在两个相邻 $Ti(IV)$ 离子上的 Bronsted 酸中心，会很大程度上影响光催化的活性[109]。研究表明，随着热处理温度的提高，光催化剂表面 OH^-

的密度迅速下降，光催化活性也逐渐减弱。

其次是表面酸碱性的影响。Saison 等人[117]具体研究了 Bi_2O_3、$BiVO_4$ 和 Bi_2WO_6 的表面性质对光催化性能的影响。结果表明，表面酸性最强的 Bi_2WO_6 表现出最好的光催化降解 RhB 和硬脂酸性能，强酸位可以促进污染物和催化剂表面的相互作用，缩短污染物与催化剂的距离，使得光生电子、空穴和自由基等可以更容易到达污染物，提高光催化降解效率。通过表面性质对光催化降解性能的影响研究，可以更好地指导光催化剂的开发和设计。比如对于降解 RhB 和硬脂酸类的污染物，可以合成比如(101)、(10)、(100)和(001)这样具有更多强酸位晶面的 Bi_2WO_6 光催化剂以提高光催化效率。

另外，表面的氧空位对光催化性能也有较大的影响。在晶型里我们讲过晶体缺陷和氧空位对光催化性能的影响，主要是指晶体内部的氧空位和缺陷，这里我们说的氧空位，主要是指光催化剂表面存在的氧空位。光催化剂表面的氧空位可以成为表面吸附 O_2 和 H_2O 的活性位，提升光催化效率。文献报道，晶体表面的氧空位可以吸附 H_2O 分子并与其相互作用，促使其裂解，生成羟基自由基等强氧化活性基团[118]。表面的氧空位还可以吸附 O_2 分子，研究结果表明，吸附的 O_2 分子不仅可以填充空位缺陷，形成超氧自由基，还能与表面吸附的 H_2O 分子形成表面羟基[119]。总之，表面氧空位可以提高超氧自由基和羟基自由基的数量，从而提升光催化效率。

4. 暴露的活性晶面的影响

通常晶体沿着能量较高的晶面生长，导致活性比较高的晶面逐渐消失，但由于前躯体成分、合成方法及热处理方式等合成条件的不同，造成光催化材料最终暴露的晶面也不同。根据晶体学理论，不同晶面的原子种类、堆积密度、比例和晶面间距等参数都存在很大差别。通过加入表面活性剂或者控制反应条件等方法，控制晶体的动力学生长过程，得到所需要的具有高活性的晶面，从而提高光催化性能，这一观点已经在 TiO_2 光催化材料中得到充分的体现和证明。

首先，不同晶面的活性不同，会形成光催化性能的差异。Lu 等[120]通过水热方法，制备出具有高活性(001)晶面的 TiO_2 立方晶粒。具有高活性(001)晶面的 TiO_2 的光催化活性要比相同粒径的 (110) 晶面终止的 TiO_2 颗粒高数倍。其次，不同晶面的晶格缺陷位和位错方式不同，光催化性能也不同。例如，Ohtani 等[121]通过气相反应的方法制备出十面体的 TiO_2 纳米颗粒，颗粒表面主要由 (001) 和(101)组成，比表面积为 9.4 m^2/g，而光催化性能与 P25 (比表面积为 48 m^2/g)材料相当或略高，作者认为晶粒表面的低缺陷密度是其光催化性能提高的主要原因。另外，不同晶面的原子排布和势能不同，会对光生载流子的迁移产生促进或者阻碍的作用，使得光生电子和空穴从不同的晶面迁移至光催化剂的表面，有利于提高光生载流子的分离效率，或者促使光生电子和空穴在不同的晶面间转移，使光催化的选择性不同，可在不同晶面上分别发生氧化和还原反应，将电子的还原反应和空穴的氧化反应分离。例如，黄柏标等[122]用水热方法制备得到同时具有(111)和(100)晶面的 Cu_2O。研究发现，采用 Cu_2O 作为光催化剂降解亚甲蓝的过程中，Cu_2O 晶体由颗粒逐步转变为纳米片层结构，主要由(111)晶面组成。这种结构的晶体具有稳定的光催化性能。而不同晶面组成的 Cu_2O 颗粒表面，在可见光的激发下，光生载流子在不同的晶面间可能发生迁移，(100)和(110)面上的电子转移到(111)面，因此在(111)面上主要发生还原反应。相反地，光生空穴从(111)面转移至其他晶面而发生氧化反应。最后，不同晶面的极性不同，也会使光催化性能不同。Zhu 等[123]研究了 ZnO 的极性晶面、氧空位以及光催化性能之间的关系，发现 ZnO 的形貌和光催化性能之间有密切的关系。具有不同形貌结构六方结构的ZnO，其外表面(0001)极性晶面占的比例有显著的差别。极性晶面所占比例越高，则光催化性能越强。活性晶面合成的基本原理几乎都是通过稳定剂使得活性晶面得以保存，达到提高光催化性能的目的。上述研究工作为光催化材料催化性能的提升以及这项技术的实际推广和应用做了有益的探索工作。

5. 粒径对光催化性能的影响

当材料的尺寸减小至纳米级别时，材料会表现出一系列的独特性能，对光催化性能的影响可以归纳为 4 个方面：比表面积的增大、能级漂移和禁带宽度增大、扩散距离减小、表面活性增大。

比表面积增大。从几何计算公式 $S = \dfrac{3}{\rho r}$（S 为比表面积，ρ 为密度，r 为颗粒的半径）中，我们不难理解，随着颗粒尺寸的减小，比表面积逐渐增大。比表面积对光催化性能的影响上面已经讲过，不再赘述。

能级漂移和禁带宽度增大。由于纳米半导体粒子的量子尺寸效应，随着粒子尺寸的减小，其导带和价带能级变得越来越分立，吸收波长蓝移，禁带宽度变宽，导带电位更负，价带电位更正，当颗粒小到一定尺寸，样品的颜色发生变化[124]，光学吸收谱也迁移至紫外区。禁带宽度的增大增加了电子跃迁的难度，在一定程度上对光催化性能不利，但在一定程度上能够提高光催化材料的氧化还原能力。

扩散距离减小。根据载流子随机取向模型得出的光生载流子从颗粒内部扩散到表面所需的时间与颗粒粒径的关系如下式：

$$\tau_d = \frac{r^2}{\pi^2 D} \qquad (1-26)$$

其中，τ_d 为载流子从颗粒内部扩散至表面所需的时间，r 为颗粒粒径，D 为载流子的扩散系数。从式（1 - 26）可以看出，光生载流子从材料内部扩散到材料表面所需的时间与颗粒粒径的平方成正比，换句话就是说，颗粒的尺寸越小，载流子从内部扩散到表面的时间越短，而光生载流子复合的速率是一定的，跟粒径无关，扩散时间的缩短可以大幅提高光催化效率。

表面活性增大。由于颗粒粒径减小，表面张力逐渐增大，表面的活性也逐渐增大，因此所合成量子点和纳米尺寸更倾向于以聚集的形态存在，以减小表面活性。表面活性的增大，有利于提高光催化材料对降解对象的吸附能力，缩短降解污染物与光催化材料的接触距离，从而提高光催化效率。

6. 结晶度对光催化性能的影响

结晶度对光催化性能的影响主要可以归结为光催化材料的结晶度越低，内部形成的缺陷和杂质就会越多，缺陷和杂质的引入对光催化性能的影响既有有利的方面，也有不利的方面。有利的方面是缺陷会捕获电子(或者空穴)，有利于空穴(或者电子)的迁移，提高光生载流子的分离效率；杂质可以在光催化材料内部形成杂质能级，从而降低电子跃迁需要的能量，提高量子效率。不利的方面是过多的缺陷和杂质可能成为电子和空穴的复合中心，从而降低光生载流子的分离效率。

1.5.3 光催化反应条件对光催化性能的影响

光催化剂本身的活性不受反应条件的影响，但光催化反应的效率还跟反应条件有很大的关系。影响光催化剂光催化效率的因素主要有外场、光源、pH、反应温度、氧气、活性物种控制以及催化剂的浓度等。

1. 外场效应的影响

光催化反应过程中各种外场的存在，比如热场、电场、微波场和超声波场等，会对光催化效率产生影响。外加热场可以增加热电子的数量，起到增加活性电子的作用；电场的存在有利于催化剂表面的电子和空穴的定向分离，减少复合概率；微波场可以提供强极化作用来提高光生电子的跃迁概率；超声作用则通过产生超空泡效应在催化剂表面产生瞬间的高温、高压等极限条件来加速反应的进行。

光热耦合催化。光热耦合是指在光催化的过程中加入热的作用，即通过提高反应体系的温度来提高反应的速率。热场的引入可以使光催化剂的晶格热振动加剧，增加了价带电子的跃迁概率，从而增加了量子效率[109]。

光电耦合催化。光电耦合催化是指在光催化过程中对工作电极施加偏压促进光催化进程。其原理是对负载有光催化材料的工作电极施加阳极偏压，可在膜表面一定距离的区域（用 Z 表示）内产生电势降，其方向由溶液指向工作电极内部。在光的激发下，Z 区域内的光生空穴受电势降的作用可迅速迁移到表面，而光生电子则通过外电路迁移到对电极表面，极大地促进了光生载流子的分离效率，提高氧化还原反应速率[109]。

微波场耦合光催化。微波场可提高光催化反应效率的原因可归结为：①可增加催化剂的光吸收，微波场通过对催化剂的极化作用使其表面可产生更多的悬空键和不饱和键，从而在能隙中形成了更多的附加能级（缺陷能级），使光吸收红移，吸收利用率提高；②可抑制载流子的复合，微波场可使催化剂的缺陷成为电子或空穴的捕获中心，降低电子 - 空穴的复合率；③可促进水的脱附，在气 - 固光催化反应中，引入微波场可使吸附的水分子从催化剂表面脱附，促使更多的表面活性中心参与反应；④可促进表面羟基生成游离基，微波辐射使表面振动激发态羟基的数目增多，有利于羟基游离基的生成[109]，提高光催化效率。

超声波场辅助光催化。超声波的超声空化作用，使液体中微小气泡快速形成和破裂，并在气泡周围很小区域内产生瞬间高压（可达几千个大气压的激流）、高温（可达 104 K）和高速冲流，加速降解产物从催化剂表面的脱附；可在液固界面引起空化效应、微喷射冲击和激波破坏，引起光催化剂微粒间高速碰撞，使光催化剂颗粒变小，比表面积增大，产生更多的活性中心[109]。

2. pH 的影响

在污水处理的液相反应中，pH 对光催化反应速率有非常大的影响。pH 对光催化的影响主要有两个方面：一方面是 pH 可以改变光催化剂表面的表面态，另一方面，pH 变化会改变表面的羟基浓度，影响光催化剂的价带位置。

pH 变化可改变光催化剂的表面态，改变光催化剂对污染物的吸附和降解模型。在合成条件对光催化性能的影响中，我们也讲到表面性质对光催化降解性能的重要性。当 pH 高于光催化剂的等电点时，表面为碱性，将会大幅提高酸性污染物的吸附和降解，反之，当 pH 低于光催化剂的等电点时，表面为酸性，由于静电排斥作用，则不利于酸性污染物的吸附和光催化降解。例如，中山大学范山湖等人研究了 P25 对偶氮染料的吸附和脱附动力学模型[125]，结果表明，偶氮染料的吸附和脱附很明显受 pH 的影响，

pH 从 3 增加到 6，对偶氮染料的吸附急剧降低，pH 到 9 时对偶氮染料无吸附，对偶氮染料的降解速率的排序为酸性环境 > 碱性环境 > 中性环境。酸性条件下的降解模型可能为 Langmuir – Hinshel-wood 机理，而碱性条件下的降解过程应该是一级动力学过程。同时，光催化反应介质环境发生变化，会导致反应方向、中间产物甚至最终产物发生变化。例如，在研究 TiO_2 修饰的 PbO 电极电化学辅助光催化降解偶氮染料橙 II 时发现在低 pH2.29 时的光催化降解效率要高出 pH 11.52 时 20%，同时发现只有在 pH 为 11.52 的条件下，吸收光谱在 255 nm 处出现了一个新的吸收峰，初步判断为醌类化合物。这证明了在高 pH 条件下是电子还原反应做主导的去色路径，而在低 pH 条件下是空穴主导的氧化路径[126]。通过 pH 的调控有可能实现不同污染物的优先降解[127]。

另外，pH 的改变可导致半导体的价带导带位置发生偏移，n 型半导体的平带电势 V_{fb} 随 pH 的变化规律如式（1 – 27）所示：

$$V_{fb} = E_{cs}^0 - \mu + 2.3kT(\text{pzc} - \text{pH}) \qquad (1-27)$$

其中，pzc 表示零电荷点对应的 pH；E_{cs}^0 表示半导体表面导带电位；μ 表示表面导电电位和平带电位的一个差值，在 0.1 到 0.2 eV 之间；k 是一个能带电位随 pH 变化的参数；T 指的温度。

从式（1 – 27）可以看出，对于 n 型半导体来说，随着 pH 的升高，能带位置逐渐负移。同样的光照条件下，高 pH 下光生电子的还原能力越强，低 pH 下空穴的氧化能力越强，不论是高 pH 下还是低 pH 下，由光生载流子进一步反应生成的氧化基团也具有更强的活性。

3. 添加剂的影响

添加剂对光催化性能的影响也不容小觑。例如，在光催化分解水制取氢气的过程中添加 Na_2S 和 Na_2SO_3 可以大幅提高光催化产氢的性能，产氧过程中添加 $AgNO_3$ 可以大幅提高产氧的性能。另外，在降解有机污染物的过程中添加空穴或者自由基的捕获剂，可以选择性地提高目标反应，添加 H_2O_2 和 O_3 则可以大幅提高降解效率。H_2O_2 和 O_3 与光催化反应的耦合效应也被广泛地研究，通常认为，H_2O_2 和 O_3 本身就是氧化剂，可以增大氧化降解的速率，另一方面，H_2O_2 和 O_3 的引入可以增大产生羟基自由基和超氧自由基的概率，从而提高反应速率。

4. 反应温度的影响

从分子碰撞理论出发，对于大多数的化学反应来说，温度升高，反应速率增大，荷兰物理学家 J. H. Van't Hoff 根据实验得出经验规则，反应温度每升高 10 K，反应速率一般增大 2 ~ 4 倍。光催化反应也不例外，反应温度的升高会对反应速率起到正面作用。

5. 光源的影响

光源对光催化性能的制约来自光源提供的光能波长和强度。其一，光源提供的光子能量必须要高于光催化剂的禁带宽度才能够有效地激发光催化剂产生活性物质。然而染料类的污染物可在光催化剂表面产生敏化作用，氯酚类化合物具有表面络合辅助作用，使得电子在光催化剂和污染物之间发生转移，导致可在低于禁带宽度能量的光照条件下发生催化反应。光源中所含有效波长占比越高，对光能的利用率越高。近年来，越来越多的研究者使用 LED 灯作为汞灯的替代光源进行研究。LED 灯能量集中，易于组装，研究 LED 灯下的光催化降解效率有助于室内光催化工业化进展。其二，光催化反应的速率很大程度上依赖光催化剂对光子的吸收效率，吸收系数是一个很重要的衡量指标。在低光强时，光催化反应的速率与光通量成正比，输入足够多的光子能量，单位时间内被激发的电子越多，产生的活性电子 – 空穴对越多。当光照通量大于某一数值时，反应的速率将与光通量的平方根成正比。考虑到能耗的因素，最佳的光强应该选择在光催化反应速率与光通量成正比的范围内。

除了上面所述的影响因素外，光催化效率还受光催化剂的浓度、模拟污染物的浓度、无机盐离子等因素的影响，总之，影响光催化效率的因素很多，同一光催化体系往往不单独存在，对光催化效率的影响可能会相互矛盾。在材料合成的过程中，需要我们分清主次，以更好地提高光催化性能。

1.6　新型可见光光催化剂的分离问题

到目前为止，合成的高活性的光催化剂均在纳米尺度，给后期光催化剂的分离带来一定的困扰。光催化技术的前景虽然十分诱人，催化剂的分离问题已经成为光催化技术商业化应用的拦路虎。为了在尽可能不损耗光催化剂活性的前提下又能解决这一问题，科学家们尝试的方法主要有固载化、复合磁性材料以及电纺丝技术，下面我们就对这几种方法的优缺点做一简单介绍。

1.6.1 固载化研究

光催化剂难以分离问题开始浮现后，人们最先想到的办法就是将催化剂固载化。固载的载体按照材质可以分为4类：硅质材料、金属材料、有机聚合物和其他类。

（1）硅质材料载体。包括玻璃类、陶瓷类、硅质类载体材料。玻璃类的载体虽然价格便宜，透光性好，易于购买，但也有致命的缺点，缺点主要是光催化剂的负载量少，容易在光催化剂中引入玻璃中的杂质钠离子，对催化活性产生一定的负面影响[98]。陶瓷类载体有瓷珠、瓷砖、蜂窝陶瓷等，陶瓷载体具有价格低廉、耐酸碱腐蚀、稳定等优点，尤其是蜂窝陶瓷，比表面积比较大，可以很大程度上增加光催化剂的负载量。Nosaka 等人将纳米 TiO_2 负载到不同孔径的多孔陶瓷片上，两类陶瓷片的孔径分别为 0.1 mm 和 0.05 mm。通过对 TiO_2 降解亚甲蓝的研究发现，0.1 mm 孔径的蜂窝陶瓷具有最高的光催化性能，同时还研究了光照角度对光催化性能的影响，结果表明与孔径轴向成 0°照射要比偏移轴向 10°照射时的光催化性能高[128]。硅质类载体包括水泥、珍珠岩、黏土等，可以将光催化剂黏结于其表面，稳定性非常高，耐久性较差，由于比表面积较小，负载量也较少，因此科学家们尝试将层状的膨润土撑开以增加载体的比表面积来增大负载量[129]。当土层被撑开后，层与层之间的间隙变大，除了负载光催化剂外，还可以进一步负载其他物质来进一步提高光催化剂的光催化效率，比如进一步在层内的 TiO_2 上负载 Pt[130]、Ag[131] 等。

（2）金属类载体。常用的有镍片（泡沫镍）[132]、铝片[133]、钛片[134]、铜片[135] 和不锈钢片[136] 等耐腐蚀的金属泡沫材料，具有比表面积大、易于加电场等优点。例如，Fang 等人将 TiO_2 负载到泡沫 Ni 上作为光阳极研究了该电极对医药废水的光电催化能力，结果发现在最优条件（NaCl 浓度 0.02 mol/L，电流密度 2.5 mA/cm^2，pH 为 6.0，敌百虫农药浓度为 40 mg/L）下光照 2 h，敌百虫化学需氧量去除率可达 82.6%[137]。

（3）有机聚合物类载体。包括聚对苯二甲酸乙二酯（PET 塑料）[138]、Nafion 树脂（全氟磺酸薄膜）等耐腐蚀的有机材料。例如，聚四氟乙烯微粒和二氧化钛混合烧结并压制成薄板后，其内部的氟树脂可以形成多孔结构，可以使外部气体通过扩散到达材料内部，该材料已被用于研究隧道内的汽车尾气光催化消除[109]。

（4）其他类载体。主要有分子筛、活性炭、纸、无纺布等。尤其是分子筛[139]，其具有极大的比表面积和规则的孔洞构造，不但可以富集污染物，而且还具有可功能性修饰的内外表面，可根据需要制备具有不同悬键的表面，可调性较大，可增加光催化反应对产物的选择性，是一种较好的载体材料，也是近年来研究比较热的载体。用纸来负载的光催化剂[140]可以作为内墙墙面的装修材料，加上室内光的照射，未来有望进行室内光催化空气净化。

1.6.2 复合磁性材料

磁性材料可在磁场作用下分离，分离效果干净、迅速，是其他任何分离技术都无法比拟的，因此磁性负载材料具有很好的应用前景。对磁性材料的研究目前主要有两种负载方式，一种是直接包覆，一种是间接包覆。

1. 直接包覆的磁载光催化剂

磁载材料磁性的大小是可磁分离的复合光催化剂能否成功分离回收的关键。由于 $\gamma - Fe_2O_3$ 和 Fe_3O_4 等铁基氧化物具有磁性能优异、成本低廉的优点，成了科研人员首选的磁载材料。研究者通过各种方法尝试在 $\gamma - Fe_2O_3$ 和 Fe_3O_4 表面直接包覆 TiO_2 光催化剂，例如，宣守虎等人通过模板法制备了中空 Fe_3O_4/TiO_2 复合光催化剂，通过对样品的磁滞回线进行分析得知所合成材料在室温下表现出超顺磁性，在紫外光照射下表现出很好的光催化活性且通过磁场回收 6 次后光催化活性也没有损失[141]。由于 Fe_3O_4 的光催化活性很弱，于是科学家们又开始尝试以具有光催化活性的磁性材料作为内核来提高对长波长光的利用。例如，Moreira 等人[142]通过湿化学法合成了 $TiO_2/ZnFe_2O_4$ 复合物，通过研究对亚甲蓝的降解发现，$TiO_2/ZnFe_2O_4$ 表现出了最高的光催化活性，紫外可见光照射 10 min，0.43 g 的光催化剂即可将亚甲蓝 100% 降解。同时还研究了该复合物在可见光下的光催化性能，认为 ZnFe_2O_4 可提高复合物在可见光下的光催化性能。

2. 非直接包覆磁载光催化剂

有研究表明，磁性载体和活性光催化剂的直接接触对光催化性能的提高不利。如东华大学许士洪副教授通过溶胶－凝胶法制备了不同配比的 $TiO_2/NiFe_2O_4$ 复合材料，通过一系列表征发现，$NiFe_2O_4$ 纳米磁性颗粒在复合光催化剂中不仅起到磁分离的作用还作为了光生电子和空穴的有效复合中心，降低了光催化活性[143]，后来的研究认为是材料制备过程中造成过渡金属离子向光催化剂扩散形成复合中心造成的。为消除直接接触带来的复合中心的影响，科学家们尝试在 TiO_2 包覆层和磁性材料之间添加一个过渡层，将磁核和壳层的光催化剂隔离开来，以防止加热过程中过渡金属离子从磁载体向活性组分外层扩散，减少由掺杂引起的空穴－电子复合。Kojima 等人[144]在 TiO_2 和 Fe_3O_4 之间加入了 SiO_2 保护层来阻止 Fe 离子向 TiO_2 扩散，并通过光催化氧化亚甲蓝进行了验证。研究结果表明亚甲蓝的氧化为半一级动力学，对亚甲蓝的降解表现出优异的降解性能，磁回收循环后光催化活性几乎不变。

1.6.3　电纺丝技术

电纺丝技术最早用于有机纤维布的合成，随着该技术的发展，这一技术逐渐被应用到无机材料的合成中，可合成无机纤维布使光催化剂快速自行沉淀分离。清华大学潘伟教授[145]成功地通过电纺丝的方法合成了 TiO_2 纳米纤维，并通过光催化降解 RhB 溶液来研究 TiO_2 纤维的光催化活性。研究发现纤维的直径对 TiO_2 纳米纤维的光催化性能有极大的影响，最佳直径为 200 nm，并且作者认为这很可能是直径的大小影响到了光生电子和空穴的复合动力学过程，所合成的材料由于尺寸较大，具有较好的分离效果。随着对电纺丝技术认可度的增加，大家也开始尝试着用电纺丝技术来制备可见光响应光催化材料。本课题组首次采用水热法和电纺丝的方法相结合的方法，制备出了 Bi_2WO_6 纤维布[146]，该方法是将水热合成的 Bi_2WO_6 纳米颗粒重新分散在有机前躯体中进行电纺丝，结果表明这种方法可以有效地提高 Bi_2WO_6 纳米颗粒的分离效率，且较少地降低光催化剂的活性。

另外，我们还可以对电纺丝方法合成的样品进行复合、表面处理等后期工艺，增强光催化剂的设计性和选择性。首先，利用电纺丝方法并通过后期进一步处理可以合成中空纤维，增大光催化剂的比表面积，提高光催化效率。例如，朱福良等人利用电纺丝的方法合成了 $ZnFe_2O_4$ 中空纤维，直径在 200～400 nm 之间，壁厚为 25 nm，该中空纤维具有超顺磁性，同时纤维布的尺寸较大，使得样品可以非常迅速地分离[147]。其次，在合成的纳米纤维上可以负载 C 材料、贵金属等增强光催化剂光催化效率的物质，进一步提高可分离光催化剂的光催化效率。例如，本课题组在 TiO_2 纳米纤维表面负载 Bi_2WO_6 形成一个具有多级结构的异质结复合物，Bi_2WO_6 以片状的形式长在 TiO_2 纳米纤维表面，通过控制前驱体的浓度可以控制 Bi_2WO_6 的形貌和微结构，该复合物易于转移且易于分离回收，相对于纯的 Bi_2WO_6 和 TiO_2，光催化活性得到很大提高，具有很好的应用前景[148]。

1.7 本研究工作的目的、意义和内容

目前国内水污染日益严重，急需开发一种新技术来缓解这一现状。而光催化技术因有直接利用太阳光将有机污染物彻底矿化、无二次污染、开发成本低等优势，具有非常诱人的应用前景。在本研究初期，研究人员已经意识到光催化技术未能商业化的原因主要是光催化材料的光催化效率比较低和光催化剂分离比较困难。但到目前为止，这两个难题依然阻碍着光催化技术产业化的步伐，因此构建和筛选出高效、可分离的新型光催化材料具有非常明显的现实意义。本研究以可见光响应光催化材料为主要研究对象，通过设计同质结、耦合高级氧化技术和拓宽光谱响应等途径提高

了光催化剂的光催化效率，通过引入电纺丝技术和提升光催化剂的磁性提高了光催化剂的分离效率，具有重要的理论意义和实用价值。主要研究内容概括如下。

（1）通过一步水热法设计并合成了 $\alpha - Bi_2O_3 / \gamma - Bi_2O_3$ 同质结，研究了同质结的形成对光生载流子分离效率和光催化性能的影响以及表面性质对光催化性能的影响。XRD、SEM 和 FTIR 表征确定了所合成的样品由 $\alpha - Bi_2O_3$ 和 $\gamma - Bi_2O_3$ 两个物相组成，并没有其他杂质相存在。通过吸收光谱计算和阻抗谱测试表明样品 $\alpha - Bi_2O_3$ 和 $\gamma - Bi_2O_3$ 具有相同的禁带宽度和不同的导带位置且内部确实形成了同质结。相对于纯的 $\alpha - Bi_2O_3$ 或者 $\gamma - Bi_2O_3$，所合成的同质结具有更强的光吸收范围和更强的光电流，极大地提升了光生载流子的分离效应。在大于 420 nm 的可见光照射下，复合相表现出最高的光催化效率和很高的光化学稳定性，同时复合相的表面性质对光催化效率具有重要的影响。

（2）采用水热法合成了片状 Bi_2MoO_6，研究了该光催化剂在蓝光 LED 灯的协同效应和光催化氧化过程中的活性物种和活性物种的形成机理。漫反射表征表明 Bi_2MoO_6 的光吸收阈值为 500 nm，选用中心波长在 465 nm 的单色蓝光 LED 灯作为激发光源，不仅能够利用全部的光能，而且对室内光催化的开展具有重要意义。通过对 RhB 和苯酚的降解进行研究发现所合成的 Bi_2MoO_6 在蓝光 LED 灯照射下具有很高的光催化降解效率和光化学稳定性，并与 H_2O_2 之间显示出很强的协同效应。在降解过程中分别加入羟基自由基捕获剂叔丁醇(TBA)和空穴捕获剂乙二胺四乙酸(EDTA)研究了 Bi_2MoO_6 光催化过程中的活性物种,发现不同的污染物由于功能基团的不同,所起作用的活性也不同。

(3)采用两步法合成了具有核壳结构的 $NaYF_4$：Yb,Er/Bi_2MoO_6 复合光催化剂,研究了上转换发光材料 $NaYF_4$：Yb,Er 对 Bi_2MoO_6 光学性能和光催化性能的影响。通过 HRTEM(高分辨电子显微镜)和 EDS(X 射线能谱分析)表征得知所合成材料的核和壳的成分。吸收光谱和 PL 谱(光致发光谱)表征表明复合相内的 $NaYF_4$：Yb,Er 可将红外光转化为紫光从而被 Bi_2MoO_6 利用,提高了光催化剂对太阳光能的利用率。所合成样品在模拟太阳光、绿光 LED 和红光 LED 照射下对模拟污染物 RhB 表现出良好的光催化性能。通过对比纯的 Bi_2MoO_6、$NaYF_4$：Yb,Er/Bi_2MoO_6 复合相以及 $NaYF_4$：Yb,Er 和 Bi_2MoO_6 简单混合相的光催化降解性能,发现核壳结构有利于提高 Bi_2MoO_6 对 $NaYF_4$：Yb,Er 所发出的光的利用率。上转换发光材料的引入确实可以提高光催化效率。

(4)首次用电纺丝技术合成了三元化合物 Bi_2MO_6(M = Mo,W)纤维,研究了前驱体浓度、高聚物比例和热处理温度对 Bi_2MO_6(M = Mo,W)形貌的影响以及样品的光催化性能。随着温度的升高,Bi_2MoO_6 的物相逐渐发生转变同时形貌逐渐由细纤维变为中空纤维最终在 500 ℃ 转变为短棒。这种方法具有一定的普适性,成功地在 Bi_2WO_6 上得到了复制。随着烧结温度从 350 ℃ 逐步提高到 500 ℃,样品的物相始终没有发生改变,同时形貌由表面光滑的纤维逐渐转变为不光滑的纤维，最终在 500 ℃形成中空纤维。所合成 Bi_2MO_6（M = Mo，W）样品对染料 RhB（罗丹明 B）和 MB（亚甲蓝）表现出良好的光催化降解性能。

（5）采用水热法合成了 $ZnFe_2O_4$ 八面体，研究了油酸钠浓度对 $ZnFe_2O_4$ 形貌的影响以及晶面对光催化性能的影响和样品的分离性能。由于油酸分子的定向吸附和空间位阻的作用，形成了晶体尺寸在 10 nm 左右的八面体 $ZnFe_2O_4$。所合成样品的吸收光谱范围延伸至 700 nm，具有可见光响应。在模拟太阳光下纳米铁酸锌表现出良好的光催化降解 RhB 的性能，通过对比无规则形貌 $ZnFe_2O_4$ 样品的光催化性能表明（111）晶面具有更好的光催化活性。另外，所合成的样品具有超顺磁性，5 min 内即可在磁场下彻底分离。

第二章 提高可见光响应光催化剂光生载流子的分离效率

2.1 引言

光催化过程主要分为三个阶段：光能的吸收、光生载流子的迁移和分离以及表面反应，在第一章中我们也讲到光生载流子的迁移和分离是最为缓慢也是最为关键的一个阶段，对光催化剂的光催化活性有非常关键的影响，因此提高光生载流子的分离效率可以很大程度上提高光催化活性。影响光生载流子分离的因素有很多，主要有晶相[149]、内部或者表面缺陷[150]、比表面积[151]、暴露晶面[152]等等。半导体复合是纳米材料改性的常用方法之一。灵感来源于半导体物理中的 pn 结，当两个能级位置不同的半导体材料复合在一起，达到动态平衡时，两者的费米能级持平，一种半导体内被激发的光生电子或空穴由于导带价带位置的不同可迁移到另一种半导体的导带或价带上，从而降低了电子和空穴的复合概率，并且可以将宽带隙半导体的光响应范围延伸至可见光区。通过半导体复合可有效提高光生载流子分离效果，扩展光谱响应范围，从而比单一半导体具有更好的光催化活性。在半导体复合研究的初期，目光大多集中在不同物质半导体的复合上，随着人们意识到不同物质半导体复合的晶界问题，人们的视线开始转向同一物质不同物相形成的同质结。

早在 20 世纪 90 年代，人们就发现锐钛矿相与金红石相混合的 TiO_2 比单一物相的 TiO_2 光催化剂具有更高的光催化活性，学者们将光催化性能提高的原因归结为两个物相间的电荷转移[153]。随后关于锐钛矿相和金红石相的混合相同质结的研究明显增多[154-155]。如 Xu 等人发现板钛矿和锐钛矿混合的介孔 TiO_2 显示出更高的光催化降解丙酮的性能[156]。Li 等人证明了小的金红石相晶体插入锐钛矿晶体中可以促进光生电子在锐钛矿和金红石相的界面处转移，有效形成了光催化 "hot spots"[157]。总体来讲，同一种材料不同的物相具有不同的禁带宽度和导带电势，因此，如果同一物质的两个不同物相接触足够近的时候，就可以形成同质结，同质结的形成可以促使光生电子和空穴有效分离，提升光催化效率。尽管 TiO_2 较宽的禁带宽度使其只能对紫外光响应，但构建同质结的方法给了我们很大的启发，也许构建同质结是一个非常有用的方法去提升光催化剂的光催化性能。这些发现也促使我

们开始设计非 TiO_2 基可见光响应的同质结复合光催化剂。

在光催化材料中,铋基光催化材料引起人们极大的关注。这是因为大多的铋基光催化材料具有层状结构,并且从电子结构的角度来看,Bi 基材料的价带通常由 Bi 的 6s 轨道和 O 的 2p 轨道杂化而成,导致 Bi 基材料的价带发生上移,价带的离域度增加。这些都有利于光生电子–空穴对的分离和迁移,因而这类材料一般具有较好的光催化活性。铋属于 p 区元素,它在含氧化合物中的价态一般为 +3 价,Bi^{3+} 离子的最外层 s 电子层中存在两个价电子。在氧化物体系中,由于 Bi 的 s 占有轨道与 O 的 s 和 p 轨道间的强反键作用,往往要通过局部配位环境的变形得到能量上更有利的配位。具有孤对电子的 Bi^{3+} 离子偏离其配位体对称中心,势必使铋基化合物具有一系列光电和电光及光催化特性。最近的研究也发现,一系列含铋的多元复合氧化物均具有良好的可见光光催化活性。作为一类非常重要的半导体,三氧化二铋(Bi_2O_3)可以被可见光激发,但其光催化活性还需要进一步提高来满足高性价比地去除有机污染物的要求。Bi_2O_3 有四个物相,分别是 α、β、γ和 δ 物相。α – Bi_2O_3、β – Bi_2O_3 和 γ – Bi_2O_3 的禁带宽度分别为 2.8 eV[158]、2.58 eV[159] 和 2.8 eV[111]。且 γ – Bi_2O_3 的禁带位置和导带位置明显低于 α – Bi_2O_3 和 β – Bi_2O_3 的禁带位置和导带位置[160],这也说明在 γ – Bi_2O_3 和 α – Bi_2O_3 或者 β – Bi_2O_3 之间有建立同质结的可能性。

在本研究中,我们精心设计了 α – Bi_2O_3 和 γ – Bi_2O_3 之间的同质结，并通过水热法合成了 $\alpha - Bi_2O_3$ 和 $\gamma - Bi_2O_3$ 复合物。通过 XRD（X 射线衍射仪）、FT – IR（傅里叶红外测试仪）、阻抗谱、SEM（扫描电子显微镜）等的综合表征和分析，可以断定我们合成了 $\alpha - Bi_2O_3 / \gamma - Bi_2O_3$ 同质结。研究了同质结相比单一氧化物在光谱吸收、产生光生载流子和高活性自由基氧化基团等方面带来的影响，并在可见光照射下评估了同质结光催化降解罗丹明 B 的性能。据文献报道，Bi_2O_3 在紫外光的照射下会发生相转变，形成纳米复合物 Bi_2O_{4-x} / Bi_2O_3 [161]，因此，这里我们对复合同质结的光催化稳定性进行了表征，同时研究了不同 pH 下同质结对模拟污染物的吸附性能和降解性能。

2.2 样品的制备和表征

2.2.1 样品的制备

所有的化学试剂均为化学纯，由国药集团上海化学试剂公司生产，并且没有经过任何后期处理。

$\alpha - Bi_2O_3 / \gamma - Bi_2O_3$ 复合相通过传统的水热法合成，具体的制备过程如下：首先将一定量的 Na_2SO_4 溶解在去离子水中，接着在磁力搅拌下加入 2 mmol 的 $Bi(NO_3)_3 \cdot 5H_2O$，并通过添加

1 mol·L^{-1}的NaOH 将溶液的 pH 分别调为 4、8、10 和 11，然后将得到的悬浮液转移到 40 mL 的具有四氟乙烯内胆的水热釜中，填充度为 80%，在一系列不同的温度下水热不同的时间。等待水热釜在空气中自然冷却至室温后，将得到的浅黄色样品收集、离心并用去离子水和乙醇洗涤数次后，放在 60 ℃ 的恒温烘箱中干燥即可。

2.2.2　样品的表征

所有样品的物相和结晶度由 XRD(D/MAX 2250V 衍射仪) 进行表征，测试过程中使用单色 Cu K$_a$ 射线(λ = 0.154 18 nm) 作为光源，工作电压为 40 kV，工作电流为 100 mA，扫描范围为 10°～70°。样品的形貌由场发射扫描电子显微镜(JEOL JSM - 6700F)、透射电子显微镜(TEM) 和 HRTEM 进行分析。样品的傅里叶变换红外光谱表征在 Lambda seientific - 7600 上进行，测试的频率范围为 400 ~ 4 000 cm^{-1}，测试中使用 KBr 做参照物。样品的 N$_2$ - 吸附测量在 ASAP2010(Micromeritics，U. S. A) 上进行表征，测试温度为 77 K，比表面积通过 Brunauer - Emmett - Teller(BET) 的方法计算得到。样品表面的 Zeta 电势分析在电势分析仪(Zeta Plus，Brookhaven Instruments Corporation) 上进行，该仪器配有动态激光散射仪(DLS)。样品的漫反射谱在 UV - vis 光谱仪(Hitachi U - 3010) 上进行测量，测试过程中使用 BaSO$_4$ 做参照物。

2.2.3 电化学表征

电化学表征在 CHI660D 电化学工作站上进行，测试采用标准的三电极系统，其中铂丝电极为对电极，饱和甘汞电极（SCE）为参考电极，工作电极为待测试的样品。其中工作电极通过浸渍涂覆的方式制备得到，具体的制备过程如下：首先将 10 mg 的光催化剂均匀分散到 3 mL 的乙醇溶液中形成泥浆，然后将该泥浆浸渍涂覆到 2.5 cm X 1.5 cm 氟掺杂的氧化锡玻璃（FTO）电极上（电极的电阻为 15 Ω）。将薄膜在空气气氛中干燥，随后放置马弗炉中在 400 ℃热处理 2 h 即可得到工作电极样品。电化学测试的电解液使用 0.1 mol·L^{-1} Na$_2$SO$_4$溶液，在开路电压处进行阻抗谱测量，测试条件为正弦波的振幅 10 mV，测量的频率范围为 100 ~ 1 000 Hz。平带电势（V_{fb}）是根据所测得的阻抗谱数据通过 Mott - Schottky 的方法进行计算所得。在所有的实验之前和过程中，电解液均用氮气进行清扫以保证实验数据的精确性。

光电流表征也在电化学工作站 CHI660D 上进行，测试使用标准的三电极体系，其中饱和甘汞电极为参比电极，铂片为工作电极，铂丝电极为对电极。测试过程中使用的电解液配置如下：将一定量的醋酸溶解在去离子水中，配制成浓度为 0.1 mol·L^{-1}的醋酸溶液，加入一定量的 FeCl$_3$，使 FeCl$_3$的浓度为 0.1 mmol·L^{-1}，醋酸和 FeCl$_3$在溶液中分别作为电子给体和电子受体，最后将总量为 25 mg 的光催化剂分散在上述溶液中进行测量。光电流测量过程中所加的偏压为 +1 V vs SCE，使用恒压器（EG&G）提供稳定的电压，以保证测试数据的精确性。

2.2.4 光催化性能的测试

样品的光催化活性通过在可见光下光催化降解 RhB 来进行评估。在本实验中选用带有 420 nm 滤波片的 500 W 的 Xe 灯来提供可见光。整个实验过程如下：将 0.05 g 的光催化剂在磁力搅拌下分散到 50 mL 的 RhB 溶液中，染料的浓度为 10^{-5} mol/L。在光催化测试实验开始之前，将配置好的悬浮液在磁力搅拌下放置在黑暗环境中吸附–脱附过夜，以达到光催化剂和 RhB 染料之间的吸附脱附平衡。整个实验在室温下进行。光催化实验过程中，在给定的时间间隔内，每次取样大约 3 mL 并将样品离心去除所含的光催化剂，取上清液在 Hitachi U–3010 UV–vis 光谱仪上测试。模拟污染物 RhB 的吸收峰在 553 nm 左右。

2.3 实验结果与讨论

所合成的样品的结晶性和物相通过 XRD 谱图进行表征，如图 2–1 所示。当样品的合成温度为 160 ℃，水热时间为 9 h，前躯

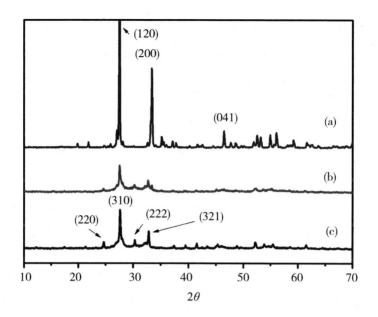

图 2-1 不同制备条件下所合成样品的 XRD 谱图：(a)100 ℃下水热9 h；(b)160 ℃下水热9 h 和(c)160 ℃下水热 22 h，合成样品的 pH 均等于 11

体 pH 为 11 时，样品的衍射峰较为复杂，如图 2-1b 所示。从图中可以看出，在 26.9°(2θ)处的衍射峰对应于一个纯的单斜相结构的 Bi_2O_3(JCPDS file no. 65-2366)，然而位于 30.1°(2θ)处的衍射峰又对应于纯的立方相的 Bi_2O_3(JCPDS file no. 45-1344)，物相为 $\alpha-Bi_2O_3$ 和 $\gamma-Bi_2O_3$ 的复合相。当合成温度降至 100 ℃时，只得到了纯的 $\alpha-Bi_2O_3$ 物相，如图 2-1a 所示。当我们将水热时间延长至 22 h，复合相中的 $\alpha-Bi_2O_3$ 被彻底地转变为 $\gamma-Bi_2O_3$ 物相，从而形成了一个纯的 $\gamma-Bi_2O_3$ 物相，如图 2-1c 所示。通过实验我们得知，合成过程中的 pH、$Bi(NO_3)_3$ 与添加剂 Na_2SO_4 的物质的量比、水热时间和水热温度是合成 Bi_2O_3 的关键因素。实验结果也证明，当 pH 小于 10 时，很难得到 Bi_2O_3 的物相。当 pH 等于 11、温度低于 100 ℃ 时，仅得到单斜相的 Bi_2O_3。在 pH 等于 11 的情况下，升高水热温度，物相组成会变得复杂，等温度升高到 160 ℃，水热时间延长至 22 h，仅能得到纯的 $\gamma - Bi_2O_3$。因此可以断定合成同质结 $\alpha - Bi_2O_3 / \gamma - Bi_2O_3$ 复合氧化物的最佳合成条件为 pH 等于 11，水热温度 160 ℃，水热时间 9 h。

为了进一步证实所合成的复合相确实是由两个物相组成，即 $\alpha - Bi_2O_3$ 和 $\gamma - Bi_2O_3$，对样品的傅里叶变换红外光谱进行了检测，如图 2 - 2 所示。从图 2 - 2A 中可以看到，一个较宽的在 3 425 cm^{-1} 处的带对应氢键连接表面的水分子和羟基基团的伸缩振动，处于 1 616 cm^{-1} 带和表面残留的以 $Bi_2O_3 - OH$ 方式连接的表面羟基有关。我们还发现在 841 cm^{-1} 谱带仅出现在谱图(a)和(b)中，但没有出现在谱图(c)中，这说明在混合相中存在有单斜相的 $\alpha - Bi_2O_3$ 物相。从图 2 - 2B 中，我们可以清楚地看到在 601 cm^{-1} 的谱峰源自 BiO_6 单元中 $Bi - O^-$ 的伸缩振动[162]，而这个峰仅存在于谱图(b)和(c)，没有出现在谱图(a)中，这说明在复合相中也存在 $\gamma - Bi_2O_3$ 物相，这个结果和 XRD 的物相分析一致。另外，需要一提的是，在图 2 - 2A 中在 1 060 cm^{-1} 附近出现一个吸收带，如图 2 - 2A 中谱图(a)所示，考虑到这个信号十分微弱，这个吸收带应该来自 $Bi - O$ 间和周围环境之间相互作用带来的其他类型的 $Bi - O$ 的振动。

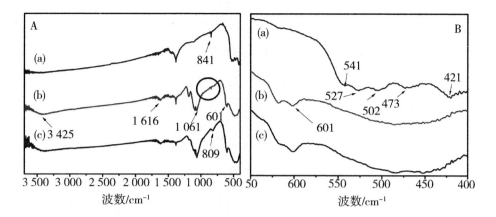

图 2 - 2　A. 所合成样品的 FT - IR 光谱：(a) α - Bi$_2$O$_3$，(b) α - Bi$_2$O$_3$/γ - Bi$_2$O$_3$
复合相和(c) γ - Bi$_2$O$_3$；B. 所合成的 Bi$_2$O$_3$ 样品在 400 ~ 650 cm^{-1} 区域范围内的 IR
的特征图谱

样品的形貌和微结构由 SEM 和 TEM 进行表征，如图 2 - 3 所
示。从图 2 - 3A 中可以看出，体心立方相的 γ - Bi$_2$O$_3$ 是由聚集在
一起的纳米颗粒组成，然而单斜相的 α - Bi$_2$O$_3$ 是由厚度在 50 nm
左右的表面光滑的纳米片组成，如图 2 - 3B 所示。通过图 2 - 3C
我们得知，复合相的形貌为很多颗粒状的物质黏附在片状的
α - Bi$_2$O$_3$ 上面，结合 XRD 分析，我们基本可以断定，颗粒状物质
为 γ - Bi$_2$O$_3$。从局部的放大图上可以看出（图 2 - 3D），表面的
γ - Bi$_2$O$_3$ 纳米颗粒是从单斜相的 α - Bi$_2$O$_3$ 片表面生长出来的，而
不是简单的物理黏附。更加详细的晶体结构和形貌进一步通过
TEM 进行表征。在图 2 - 3E 中，具有明显的灰色和灰白色的对比
区域，说明两处的电子密度不同，也进一步确认了复合相的点片
状结构。从图 2 - 3F 的 HRTEM 照片中可以更加清楚地看出深浅

不同的区域，其中晶格间距为 0.274 nm 的晶格条纹对应 $\gamma - Bi_2O_3$ 的 (321) 晶面，晶面间距为 0.195 nm 的对应 $\alpha - Bi_2O_3$ 的 (041) 晶面，且 $\gamma - Bi_2O_3$ 所在区域颜色较深，衬度较大，$\alpha - Bi_2O_3$ 所在区域颜色较浅，这与 $\alpha - Bi_2O_3$ 为片状，$\gamma - Bi_2O_3$ 处厚度较厚相吻合。通过快速的傅里叶变换运算所得的晶格衍射图（图 2 - 3F 的插图）我们可以看到，复合相有两套晶格点阵。这些也进一步说明我们所合成的复合相为 $\gamma - Bi_2O_3$ 和 $\alpha - Bi_2O_3$ 的复合物，且由于 $\gamma - Bi_2O_3$ 从 $\alpha - Bi_2O_3$ 片上长成，通过化学键相连，这也为 $\alpha - Bi_2O_3$ 纳米片和 $\gamma - Bi_2O_3$ 纳米颗粒之间建立同质结提供了条件。

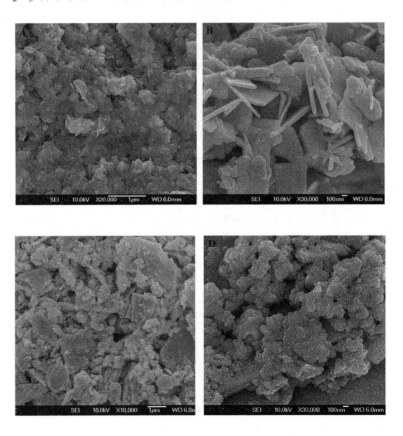

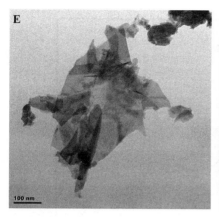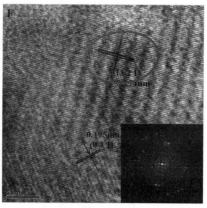

图 2 – 3　样品的 SEM、TEM 和 HRTEM 图片：A. γ – Bi$_2$O$_3$，体心立方相 γ – Bi$_2$O$_3$；B. α – Bi$_2$O$_3$，单斜相 α – Bi$_2$O$_3$；C、E 和 F. 包含有单斜相和立方相的 Bi$_2$O$_3$ 样品；D. 复合相的局部放大图

　　所合成的 α – Bi$_2$O$_3$、γ – Bi$_2$O$_3$ 和 α – Bi$_2$O$_3$/γ – Bi$_2$O$_3$ 复合相的紫外 – 可见漫反射谱展示在图 2 – 4 中。所得的 α – Bi$_2$O$_3$/γ – Bi$_2$O$_3$ 复合相，相对于纯相的 α – Bi$_2$O$_3$ 和 γ – Bi$_2$O$_3$，在可见光区显示出更强的光吸收能力。这种增强的光吸收能力应该与复合相内部 α – Bi$_2$O$_3$ 和 γ – Bi$_2$O$_3$ 之间很强的相互作用有关。所合成纯相的 α – Bi$_2$O$_3$、纯的 γ – Bi$_2$O$_3$ 和 α – Bi$_2$O$_3$/γ – Bi$_2$O$_3$ 复合相的吸收边分别在 465 nm、551 nm 和 579 nm，这说明这三种光催化剂都可以被可见光激发。

　　考虑到复合相具有更强的光吸收能力，且具有形成同质结的条件，若和预期相同，在两物相内部形成了同质结，则有利于提高光生载流子的分离能力，进而提高光催化效率。为了验证 α – Bi$_2$O$_3$/γ – Bi$_2$O$_3$ 复合相是否具有更强的光生载流子分离能力，

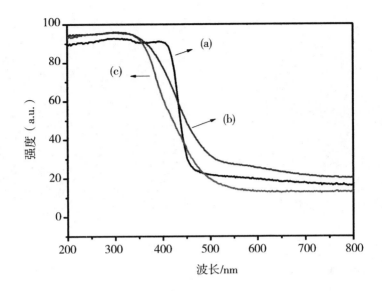

图 2 – 4　样品的 UV – vis 吸收光谱：(a) α – Bi₂O₃ (100 ℃水热 9 h)；

(b) α – Bi₂O₃ / γ – Bi₂O₃复合相(160 ℃水热 9 h)；(c) γ – Bi₂O₃ (160 ℃

水热 22 h)

我们对样品的光电流进行了表征。通常来讲，光电流的数值可以
间接地反映半导体产生和转移光生载流子的能力，且这个能力和
光催化性能息息相关[107]。如图 2 – 5 所示，很显然，对比纯的
α – Bi₂O₃和 γ – Bi₂O₃物相，α – Bi₂O₃ / γ – Bi₂O₃复合相显示出了最
强的光电流。另外，γ – Bi₂O₃物相产生的光电流比 α – Bi₂O₃略高
一点。因此，可以断定，复合相可以增强光生载流子的转移并且
减少光生电子和空穴的复合。我们猜测复合相内 α – Bi₂O₃和
γ – Bi₂O₃物相之间的这种相互作用有利于增强 α – Bi₂O₃ / γ – Bi₂O₃
复合相的光催化活性。

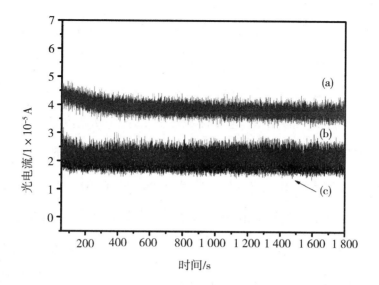

图 2 - 5 在含有 1 moL·L^{-1}的醋酸和 0.1 moL·L^{-1}的 Fe^{3+}分别作为电子供体和受体的水溶液中，不同光催化剂(25 mg)在可见光下的光电流：(a)α - Bi$_2$O$_3$/γ - Bi$_2$O$_3$复合相；(b)γ - Bi$_2$O$_3$；(c)α - Bi$_2$O$_3$

　　为了验证这种相互作用能否有利于增强 α - Bi$_2$O$_3$/γ - Bi$_2$O$_3$复合相的光催化活性，我们对 α - Bi$_2$O$_3$/γ - Bi$_2$O$_3$的光催化活性进行了表征。实验中选用带有 λ 大于420 nm 滤波片的氙灯来提供可见光，RhB 染料作为模拟污染物对复合相的光催化活性进行评估。RhB 的特征吸收峰在 553 nm，也就是说剩余 RhB 的含量可以通过检测吸收谱上 553 nm 处的吸收值来判断，如图 2 - 6 所示。从2 - 6A 可以看出，伴随着光照时间的延长，最大吸收峰值在 553 nm 处的主吸收峰逐渐下降，这说明 RhB 的共轭环状结构被破坏，RhB 被分解。同时，最大吸收峰发生明显的蓝移，这说明乙基基团逐渐被去除，并且光照 90 min 后，所得溶液清澈透明，在紫外可见光谱 200～900 nm 范围内无吸收，几乎全部被矿化为 H_2O 和二氧化碳。图 2 - 6B 显示了纯 $\alpha - Bi_2O_3$、纯 $\gamma - Bi_2O_3$ 和 $\alpha - Bi_2O_3/\gamma - Bi_2O_3$ 复合相在可见光下光催化性能的对比。其中，C 是在光照时间 t 时 RhB 溶液在 553 nm 处的吸光度值，C_0 是在吸附 - 脱附平衡之后 RhB 溶液在 553 nm 处的吸光度值。图中的空白对照试验（仅 RhB 溶液没有光催化剂）显示 RhB 在光照下光解十分缓慢。在存在复合相光催化剂、不添加光照条件的情况下，RhB 溶液跟空白实验类似，浓度并未出现明显的降低。然而，在可见光的照射下，$\alpha - Bi_2O_3/\gamma - Bi_2O_3$ 复合相可在 1 h 内将 RhB 分解完毕，相对于纯的 $\alpha - Bi_2O_3$ 和 $\gamma - Bi_2O_3$ 物相，复合相具有高出 1 倍的光催化活性，$\alpha - Bi_2O_3$ 和 $\gamma - Bi_2O_3$ 物相具有大致相同的光催化活性。为了进一步去除比表面积对光催化性能影响，我们对三个样品的比表面积进行了测量。纯的 $\alpha - Bi_2O_3$、纯的 $\gamma - Bi_2O_3$ 和 $\alpha - Bi_2O_3/\gamma - Bi_2O_3$ 复合相通过 BET 方法得到的比表面积分别是 4.59 m^2/g、15.95 m^2/g 和 17.45 m^2/g。因为纯的 $\alpha - Bi_2O_3$ 和 $\gamma - Bi_2O_3$ 的光催化性能没有很大差别，所以说较大的表面积并没有给 $\gamma - Bi_2O_3$ 带来很大的光催化性能的提升。相反，纯的 $\gamma - Bi_2O_3$ 和 $\alpha - Bi_2O_3/\gamma - Bi_2O_3$ 复合相的比表面积相差不大，但复合相的光催化性能明显高出纯相的 $\gamma - Bi_2O_3$。因此我们可以断定，$\alpha - Bi_2O_3/\gamma - Bi_2O_3$ 复合相的光催化性能的提高不是简单地来自比表面积，而是来自复合相内部两个物相之间的协同效应，两个物相之间应该是形成了同质结，可以抑制光生电子和空穴的复合，提高了载流子的分离效率，这也从光电流测试的结果得到了证实，从而很大程度上增强复合相的光催化活性。

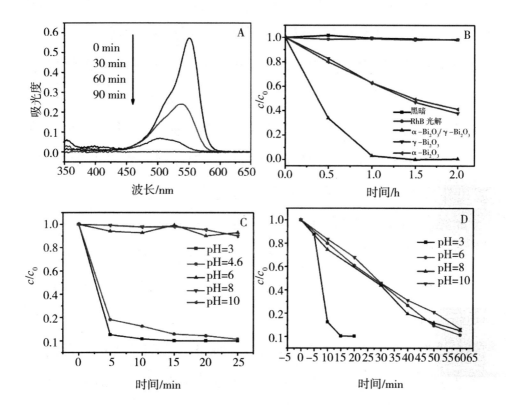

图 2-6　A. 样品 $\alpha-Bi_2O_3/\gamma-Bi_2O_3$ 复合相光催化降解 RhB 过程中 RhB 浓度随时间的变化曲线；B. 不同样品光催化降解 RhB 过程中 553 nm 处吸光度值对时间的变化曲线；C. 复合相在不同 pH 下对 RhB 的吸附能力；D. 复合相在 pH 值为 10、8、6（RhB 浓度为 1×10^{-5} mol·L^{-1}）和 3（RhB 浓度为 1.5×10^{-4} mol·L^{-1}）时光催化降解 RhB 的情况

　　不同的降解环境会造成光催化剂的表面性质发生变化，表面的酸碱性对光催化性能具有重要影响，Saison 等人认为对 RhB 降

解来说，酸性的表面会与污染物之间具有一种非常强烈的作用，缩短了样品和光催化剂之间的距离，使得光生电子、空穴或者活性自由基可以更快地到达污染物，从而提高光催化性能[117]。为了研究复合相表面的酸碱性对光催化性能的影响，我们在不同 pH 条件下对 $\alpha-Bi_2O_3/\gamma-Bi_2O_3$ 复合相对 RhB 的吸附和脱附性能进行了研究。如图 2-6C 所示，当 pH 从 3 变化到 10 的过程中，$\alpha-Bi_2O_3/\gamma-Bi_2O_3$ 复合相对 RhB 的吸附性能变化很大，随着 pH 的减小，吸附能力逐渐提升，当 pH 高于 6 时，提升非常缓慢，当 pH 低于 6 时，吸附能力提升迅速，当降低至 3 时，RhB 在 5 min就可被彻底吸附完毕。鉴于样品对 RhB 的吸附能力在 pH 为 6 到 4 之间变化巨大，我们认为催化剂的表面性质应该在这个 pH 范围内发生了很大的变化，为此我们对样品在不同 pH 下的表面电位进行了测试，如图 2-7 所示。从图中我们可以得知复合相的等电点在 4.7 左右，这意味着当溶液的 pH 大于 4.7 时，样品的表面为碱性，当 pH 低于 4.7 时，样品的表面为酸性。结合样品的吸附性能，我们得知 $\alpha-Bi_2O_3/\gamma-Bi_2O_3$ 复合相的表面为碱性时对 RhB 的吸附性能较差，表面为酸性时对 RhB 的吸附性能非常强，这与 Saison 等的结果吻合。我们进一步分析发现，样品的等电点正好在吸附性能发生突变的 pH 区间内，这也说明，吸附性能在 6 到 4 的 pH 区间发生大幅提升是由于样品表面的性质由碱性变为了酸性。通常光催化的性能与吸附性能密切相关，为了进一步说明这一点，我们对复合相样品在不同 pH 下的光催化性能进行了测试，如图 2-6D 所示。结果也与预期相符，当 pH 高于等电点时，样品表面为碱性，随着 pH 的降低，光催化性能提升不大，当 pH 低于等电点，降至 3 时，复合相样品的光催化性能大幅提升。需要说明的是，由于在 pH 为 3 时，对样品的吸附性能太强烈，通过反复实验将 RhB 的浓度增加到 $1.5 \times 10^{-4} \, mol \cdot L^{-1}$，是其他测试实验所用的 15 倍，以保证样品表面 RhB 达到饱和，且仍有剩余的 RhB 用来降解检测。在如此高的 RhB 浓度下，$\alpha - Bi_2O_3 / \gamma - Bi_2O_3$ 复合相仍可以在 15 min 内将 RhB 降解完毕，这也进一步说明表面性质对光催化效率的影响巨大。

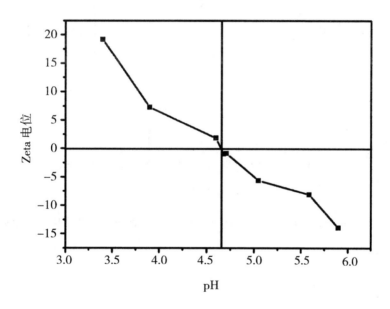

图 2-7 不同 pH 下复合相样品表面的 Zeta 电位

光催化剂要实际推广应用，催化剂的稳定性是必须考虑的，为此我们对 $\alpha - Bi_2O_3 / \gamma - Bi_2O_3$ 复合相光催化剂的稳定性进行了验证,如图 2 - 8 所示。结果表明,复合相在经过 5 轮降解循环后,还保持了很高的光催化降解 RhB 的活性,但经过降解循环的样品的 XRD 谱图显示,经过 5 轮循环后的复合相样品中 γ - Bi_2O_3 的峰强略有增强,部分的 α - Bi_2O_3 转变为了 γ - Bi_2O_3。虽然稳定性还需进一步加强,但对光催化活性影响并不大,也没有出现文献中所说的 $BiOCO_3$ 物相[163 - 164]。

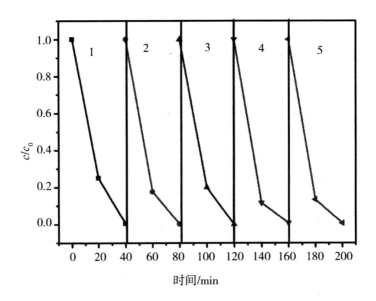

图 2 - 8　在氙灯照射下,α - Bi_2O_3/γ - Bi_2O_3 复合相光催化降解 RhB 溶液的循环测试实验

一方面,考虑到 γ - Bi_2O_3 的导带位置明显低于 α - Bi_2O_3 的导带位置[165],另一方面,γ - Bi_2O_3 颗粒是从 α - Bi_2O_3 片上长出来的,如图 2 - 3D 中所示,因此我们猜测,复合相的光催化活性的提升应该是由于 α - Bi_2O_3/γ - Bi_2O_3 复合相内部 α - Bi_2O_3 和

γ－Bi$_2$O$_3$之间形成了同质结，有利光生载流子的传输，抑制了光生载流子的复合。为了验证这个猜测，我们对样品的阻抗谱进行了测试。对于半导体材料来说，Mott－Schottky 方法（空间电荷层的电容的平方分之一，$1/C^2$，对半导体的电极电势 E 作曲线）是一种经典的方法来求半导体的平带电势[166]。数据结果如图 2－9 所示，纯的 α－Bi$_2$O$_3$、γ－Bi$_2$O$_3$ 和 α－Bi$_2$O$_3$/γ－Bi$_2$O$_3$ 复合相的平带电势（V_{fb}）分别为 －0.50 V、－0.45 V 和 －0.21 V。通过吸收光谱计算所得它们的带宽分别为 2.8 eV、2.8 eV 和 2.5 eV，如图 2－10 所示。因此我们就可以得到 α－Bi$_2$O$_3$ 和

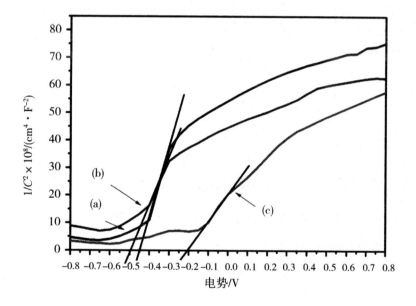

图 2－9 在 0.1 mol · L^{-1}的 Na$_2$SO$_4$电解液中样品的阻抗谱：（a）γ－Bi$_2$O$_3$，合成条件为 160 ℃水热 22 h；（b）α－Bi$_2$O$_3$，合成条件为 100 ℃水热 9 h；（c）α－Bi$_2$O$_3$/γ－Bi$_2$O$_3$复合相，合成条件为 160 ℃水热 9 h

γ – Bi$_2$O$_3$的导带和价带的相对位置，如图 2 – 11 所示。我们基本可以断定，在复合相内部完全有条件建立起如图所示的一个同质结，其中从 α – Bi$_2$O$_3$产生的电子转移到 γ – Bi$_2$O$_3$，同时 γ – Bi$_2$O$_3$上产生的空穴可以迁移到 α – Bi$_2$O$_3$上，从而加速了光生载流子的分离和光催化过程，光催化活性得到提高。

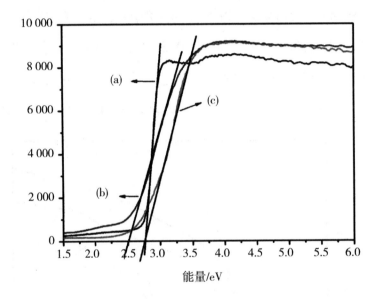

图 2 – 10　所合成的样品的禁带宽度：（a）α – Bi$_2$O$_3$（100 ℃水热 9 h）；（b）α – Bi$_2$O$_3$/γ – Bi$_2$O$_3$复合相（160 ℃水热 9 h）；（c）γ – Bi$_2$O$_3$（160 ℃水热 22 h）

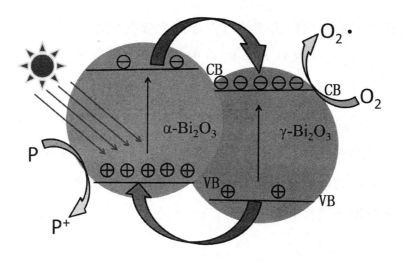

图 2 – 11 模拟 α – Bi₂O₃/γ – Bi₂O₃ 复合相的载流子转移和在界面处的分离模型

注：α – Bi₂O₃ 作为空穴受体，γ – Bi₂O₃ 作为电子受体

2.4 本章总结

设计 α – Bi₂O₃/γ – Bi₂O₃ 同质结来提高光生载流子的分离效率并通过水热的方法成功地合成了 α – Bi₂O₃/γ – Bi₂O₃ 复合相。XRD 和 FT – IR 表征表明所合成的复合相有两个物相，为 α – Bi₂O₃ 和 γ – Bi₂O₃。SEM 和 TEM 以及 HRTEM 说明所合成的样品是由点片状结构组成的，且 γ – Bi₂O₃ 从 α – Bi₂O₃ 上长出，结合紧密，具备形成同质结的条件。样品的平带电势和禁带宽度分析结果表明复合内部确实构成了同质结。复合相的光电流表征表明形成同质结可以提升光生载流子的分离能力。样品光催化降解性能的表征进

一步说明了形成同质结确实可以提高光催化效率。相对于纯相的光催化性能，$\alpha - Bi_2O_3/\gamma - Bi_2O_3$复合相表现出了更高的光催化活性。同时改变光催化反应溶液的 pH，我们发现，$\alpha - Bi_2O_3/\gamma - Bi_2O_3$复合相的光催化性能强烈依赖于样品表面的酸碱性，当样品表面为酸性时，RhB 的降解性能大幅提高；当样品表面为碱性时，RhB 的降解速度提升不大。另外，所合成的样品具有较高的光催化循环活性和稳定性。

第三章 提高可见光响应光催化剂的光能利用效率

3.1 引 言

自光催化技术被研究以来，人们就期望着该项技术能够商业化应用，归根结底，光催化技术就是要将不可存储的太阳能转化为可存储的化学能，为人类的生存和生活提供便利。存储的方式主要有以光催化分解水的方式来获取氢能，以光催化还原温室气体 CO_2 来提供燃料，以染料敏化太阳能的形式来提供电能，以光催化降解有机污染物的方式来净化环境。实现这些目标的基础还是需要寻找吸收光谱与太阳能谱相匹配的、高效的、稳定的半导体光催化材料。

目前文献已经报道的具有光催化性能的材料和基于这些材料

的衍生材料已达 130 多种，主要以金属氧化物为主。典型的金属氧化物的价带和导带是分别由氧的 2p 和金属元素的 s 轨道组成的，由于化学键具有显著的离子键特征，这些化合物的能带较分开，常常形成宽带隙的半导体，其中 TiO_2 是第一种也是到目前为止研究最为广泛的半导体光催化剂，同时也是非常高效稳定的，但 TiO_2 只能对太阳光中的紫外光响应，紫外光只占太阳光总能量的约 5%，要想真正地利用太阳光能并产业化应用，研发可见光响应甚至可以利用太阳光中红外光的半导体光催化剂势在必行。为了提高半导体光催化剂对太阳光能的利用率，通常有三种方法：一是用低电负性的元素（如 N、S、C）等替代阴离子，使得化学键的共价成分增加，阴离子 p 轨道的结合能更低，从而减小禁带宽度，这也是通常所说的掺杂，但掺杂有其固有的局限性，会出现比如掺杂元素在光催化中是否能够稳定存在，是否会形成光生载流子的复合中心，多大程度上降低光催化剂的催化氧化性等质疑；二是引入 d 轨道结合能更低的阳离子，如 Au 和 Ag（nd^0）等；三是引入具有占有电子的 s 轨道且结合能更低的阳离子，从而降低导带位置，比如 Bi 和 Sn（ns^2）。由于 ns^2 阳离子倾向于无序配位[167]，根据阳离子 s 轨道结合能的差异形成各自的稳定结构，结构变化多样，性能变化多样，因此具有 ns^2 电子构型的阳离子氧化物受到研究人员的青睐，其中 Bi 基材料得到了大多数研究者的厚爱。首先是因为 Bi 具有结合能更低、占有电子的 s 轨道，所形成的氧化导带位置低，所形成的氧化物多数可对太阳光中的可见光响应；

其次，含 Bi 的氧化物多具有特殊的 $(Bi_2O_2)^{2+}$ 层，这种层状结构非常有利于光生载流子的迁移。目前所研究的 Bi 基材料主要有 Bi_2O_3、Bi_2MoO_6、Bi_2WO_6、Bi_2VO_4、$Bi_4Ti_3O_{12}$ 等。

作为非均相催化材料之一，Bi_2MoO_6 已经被研究数十年，常被用于链烯烃的选择性氧化或者胺催化，在石油化工中有重要应用，光催化性能的研究也最近才开始。$\gamma - Bi_2MoO_6$ 有三个物相：低温、中温和高温相。低温的 $\gamma - Bi_2MoO_6$ 具有 Aurivillius 结构，这种结构是以点相邻的 MoO_6 八面体夹心 $(Bi_2O_2)^{2+}$ 的类三明治结构，如图 3 - 1 所示，由于层间电荷的静电作用，可以达到促进光生载流子分离、提高光催化活性的效果。根据文献报道，随着热处理温度的提高，八面体单元逐渐扭曲，在 604 ℃可逆转变为四面体，最终在 670 ℃形成高温相，高温相的禁带宽度已经达到 3.02 eV，几乎没有任何光催化性能[169]，而低温相的 $\gamma - Bi_2MoO_6$ 表现出了最佳的光催化性能[170]。本研究中的 Bi_2MoO_6 均为低温相的 $\gamma - Bi_2MoO_6$，其禁带宽度约为 2.7 eV，吸收波长在 500 nm，具有可见光响应，目前的合成方法主要有固相反应法[171]、共沉淀法[172]、超声辅助法[61]、熔融盐法[173]、水热/溶剂热法[174]、微波辅助法[175]等。虽然 Bi_2MoO_6 可以利用太阳光中的可见光，但对太阳光能的利用率相对还是比较低下，光催化效率还是无法达到产业化的要求，为了进一步提高 Bi_2MoO_6 对光能的利用率和光催化效率，目前已经尝试的方法主要有复合石墨烯[176]、碳纤维[177]和 N 掺杂[178]等，总体来讲还是从敏化和掺杂的角度来提高 Bi_2MoO_6

对光能的利用率，为了进一步提高 Bi_2MoO_6 的光催化效率，还需进一步提高 Bi_2MoO_6 对光能的利用率。

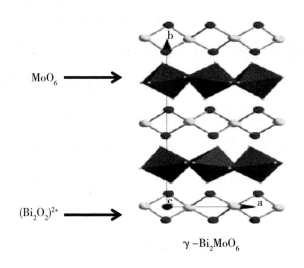

$\gamma - Bi_2MoO_6$

图 3 - 1   Aurivillius 型结构的 $\gamma - Bi_2MoO_6$ 的机构示意图[168]

结合 Bi_2MoO_6 的光谱特点，其吸收边在 500 nm，正好可以被蓝光 LED 光源激发（中心波长在 465 nm 左右），蓝光 LED 消耗能量较同光效的白炽灯减少80%，体积很小，每个单元 LED 小片是 3 ~ 5 mm 的正方形，易于根据环境组装，非常适合于室内光催化，稳定性非常好，响应时间短，为纳秒级别，现在市面上的 LED 光源颜色种类繁多，是室内光催化降解的最佳光源选择。蓝光 LED 光源波长较为单一，能量非常集中，且可以激发 Bi_2MoO_6 光催化剂，选用蓝光 LED 灯作为光源，可大幅提高对能量的利用率，避免能量浪费。另外，复合上转换发光材料是拓宽 Bi_2MoO_6 对太阳光能利用率的有效方式之一，与传统意义上拓宽光催化材料光响应范围不同的是，上转换发光材料的基本原理是吸收一个低能量的光子，利用内部粒子之间的能量转移，从而释放一个高能量的光子，从而实现将红外光和低能量的可见光转化为可以激发较宽带隙的光催化材料[179-180]。上转换发光材料的模型来源于稀土离子的掺杂，最初被用来拓宽 TiO_2 的光谱响应范围。人们发现稀土离子掺杂可提高 TiO_2 的光催化效率，认为是稀土离子可以将红外光转化为紫外光从而激发 TiO_2 提高了其光催化效率[76]。后来研究工作者发现多元素共掺可以将 TiO_2 的光谱响应范围拓宽至600 nm[181]，进而有很多工作者开始研究稀土离子共掺效应对光催化性能的影响[182]。由于 $NaYF_4$ 具有较低的声子散射，非常有利于粒子间的能量转移，被广泛地作为 Er、Yb、Tm 和 Gd 等稀土离子的载体，稀土掺杂后的 $NaYF_4$ 可以吸收红外光发射紫外光并具有更强的发光强度，引起人们的广泛关注[183]。余济美教授课题组合成了 $NaYF_4$：Yb，Tm/CdS 光催化剂，该光催化剂可将红外光转化为紫外光，激发 CdS，并在模拟太阳光下对罗丹明 B 和亚甲蓝(MB)显示出很好的光催化降解性能[184]。迄今为止，上转换发光材料与光催化剂的复合主要集中在 TiO_2 体系[179-180,185-187]，因此研究 $NaYF_4$ 基上转换发光与光催化材料的复合材料显得十分重要和有意义。

本研究以 Bi_2MoO_6 为研究对象，以 Bi_2MoO_6 光催化机理的研究为基础，通过使用能量更集中的蓝光 LED 光源和引入上转换发光材料来提高对光能的利用率，系统地研究光催化降解过程中的活性物种以及光催化性能的影响因素。

3.2　片状 Bi_2MoO_6 的合成及蓝光 LED 灯下光催化性能研究

3.2.1　实验过程和表征

3.2.1.1　样品的制备

所有的化学试剂均为化学纯，由国药集团上海化学试剂公司生产，并且没有经过任何后期处理。

Bi_2MoO_6 的制备过程如下：2 mmol 的 $Bi(NO_3)_3 \cdot 5H_2O$ 和 1 mmol 的 Na_2MoO_4 相继溶解在 20 mL 的乙二醇里，在不断的磁力搅拌下在上述溶液中加入一定量的柠檬酸钠，彻底溶解后溶液为无色透明状。然后用浓度为 1 $mol \cdot L^{-1}$ 的 NaOH 溶液调节溶液的 pH 为 5，稳定后将上述溶液转移到 40 mL 的具有四氟乙烯内胆的水热釜中，填充度为 80%，在 150 ℃下水热 12 h，然后将水热釜放在空气中自然冷却至室温。将去离子水和乙醇洗涤数次后得到的亮黄色沉淀放在 60 ℃的恒温烘箱中干燥即可。

3.2.1.2　样品的表征

样品的物相、结晶度、形貌分析和漫反射谱的测试方法参照 2.2.2。

3.2.1.3　光催化性能的测试

样品的光催化活性通过降解 RhB 和苯酚来进行评估。选用 3 W 的蓝光 LED（$\lambda = 465$ nm）作为激发光源。光催化降解 RhB 的实验过程如 2.2.4 所述。光催化降解苯酚的测试过程如下：将 0.05 g 的光催化剂在磁力搅拌下分散到 50 mL 的苯酚溶液中，苯酚溶液浓度为 20 mg/L。在实验开始之前，配置好的悬浮液在黑暗中吸附－脱附平衡 2 h。光催化实验过程中，在给定的时间间隔内，每次取样大约 3 mL 并将样品离心去除所含的光催化剂，取上清液在 Hitachi U－3010 UV－vis 光谱仪上测试。模拟污染物苯酚的吸收峰在 269 nm 左右。无氧环境的实验程序与上述相同，除了在反应前，反应器用氮气排空，实验过程中一直通氮气来保证实验的无氧环境。

3.2.1.4　羟基自由基的测试

光催化过程中产生的羟基自由基以对苯二甲酸(TA)为探针，通过光致发光谱来测定[7]。基本原理是利用 TA 本身无荧光，能与羟基自由基快速反应，且与羟基自由基反应后的产物具有很强的荧光性能，荧光强度与羟基自由基浓度成正比，通过 PL 谱测定荧光强度来间接表征羟基自由基的浓度。测试过程如下：将 NaOH 溶解在水中配置成浓度为 2×10^{-3} mol·L^{-1} 的碱溶液，一定量的 TA 溶解在上述碱液中，TA 的浓度为 5×10^{-4} mol·L^{-1}。待 TA 完全溶解无漂浮后将 0.1 g 的 Bi_2MoO_6 分散到 40 mL 上述溶液中，并在黑暗中搅拌 1 h 以达到吸附－脱附平衡。在光催化过程中，3 W 的蓝光 LED 为光源，每 15 min 取样 3 mL，进行离心以去除光催化剂颗粒，取其上清液进行 PL 测试。测试在 Hitachi F-46000 荧光光谱仪上进行。TA 的激发波长为 315 nm，最大发射波长为 425 nm。

3.2.2 实验结果与讨论

所合成的 Bi_2MoO_6 的物相结构由 XRD 来进行表征。如图 3-2A 所示，样品所有的衍射峰均与正交晶系的 Bi_2MoO_6（JCPDS 21-0102）——对应，晶胞参数为 $a = 0.550\ 2$ nm，$b = 1.621\ 3$ nm，$c = 0.548\ 3$ nm。和标准图谱对比发现，所合成样品的(002)晶面的峰强比值明显增大。Bi_2MoO_6 样品的形貌用 SEM 进行表征，如图 3-2B 所示。SEM 图片说明所合成的样品由边缘不规则的薄片组成，这也解释了 XRD 中(002)晶面强度增大的原因。薄片的厚度在 15 nm 左右，值得一提的是，大部分薄片沿 c 轴方向叠加排列，这也许是因为(002)晶面活性较大，活性位较多，晶体趋于能量最低的方式排列。

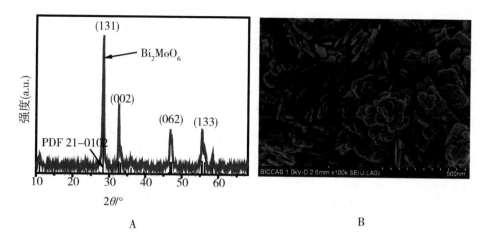

图 3 - 2 样品的 XRD 谱图(A)和 SEM 照片(B)

图 3 - 3A 所示为所合成 Bi_2MoO_6 的紫外 - 可见漫反射谱。如图所示,样品表现出很强的光吸收能力,吸收范围从紫外光区一直延伸到 500 nm,这说明我们所合成的样品是可以被蓝光 LED 灯激发的。样品在蓝光 LED 下的光催化活性通过光催化降解 RhB 来进行表征。图 3 - 3B 显示了 RhB 浓度随时间的变化趋势。由图可知,经过吸附平衡,大约有 56% 的 RhB 被吸附在样品的表面,44% 的 RhB 被 Bi_2MoO_6 所光降解。降解 30 min 后,大约 99% 的 RhB 被样品所降解,且吸收谱的最大值由 553 nm 蓝移到 499 nm,悬浮液的颜色也由紫红色逐渐变为淡绿色,这说明 Bi_2MoO_6 降解 RhB 的过程包含两个同时进行且有竞争关系的过程——共轭结构的打开和脱 N - 甲基化,这与先前的文献报道一致[169,188]。继续光照至 60 min 后,吸收谱最大值停留在 499 nm 不再偏移,且峰强逐渐下降,样品的颜色也逐渐变为无色,这说明 Bi_2MoO_6 纳米

片降解 RhB 的途径为去甲基化过程优先于共轭结构的打开。

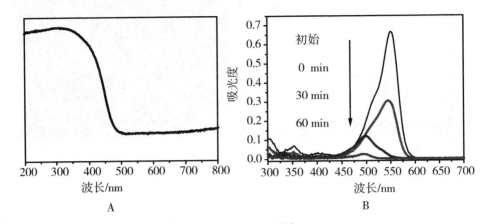

图 3-3　Bi_2MoO_6 的漫反射谱（A）；蓝光 LED 灯下 Bi_2MoO_6 的降解 RhB 的性能（B）

另外从实用的角度上讲，光催化剂的光稳定性和循环性也非常重要。图 3-4 所示为 Bi_2MoO_6 在蓝光 LED 灯下光催化降解 RhB 的循环性能。如图所示，样品经过 5 轮循环后，对于降解 RhB 来说，光催化活性没有降低，这也说明所合成样品具有很高的光催化活性的同时还具有很高的稳定性。据文献报道，Bi_2MoO_6 在光催化 140 min 后被转化为 $(BiO)_2CO_3$[189]，因此有必要对光催化 15 h 后的 Bi_2MoO_6 的 XRD 和 SEM 进行表征，如图 3-5 所示。XRD 结果表明，经过 15 h 的照射后样品依然为正交晶系的 Bi_2MoO_6，与新鲜合成样品的 XRD 无大的区别。由 SEM 对照射 15 h 后样品的形貌进行表征，如图 3-5B 所示，样品的形貌依然保持为片状结构。XRD 和 SEM 表征都说明所合成的 Bi_2MoO_6 样品具有很高的稳定性。

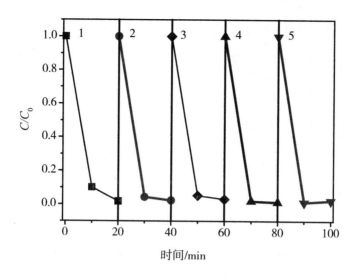

图 3 - 4 Bi$_2$MoO$_6$ 在蓝光 LED 灯下光催化降解 RhB 的循环性能

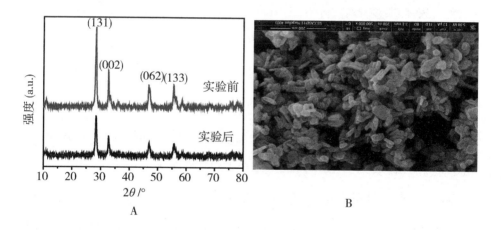

图 3 - 5 Bi$_2$MoO$_6$ 光催化降解 15 h 前后的 XRD 对比(A)

和降解 15 h 后的 SEM 照片(B)

为进一步研究 H$_2$O$_2$ 与光催化剂之间的相互作用,测试了在 H$_2$O$_2$ 存在情况下 Bi$_2$MoO$_6$ 样品对 RhB 的降解性能,如图 3 - 6 所示。其中,c 是光照 t 时间后 RhB 溶液在 552 nm 处的吸光度,c_0

是 RhB 与光催化剂之间达到吸附平衡后 RhB 溶液在 552 nm 处的吸光度。从图中可以得知，在蓝光 LED 灯的照射下，单纯 H_2O_2 溶液对 RhB 染料的降解非常地缓慢。对于纯的 Bi_2MoO_6 来说，起始阶段 RhB 表现出明显的脱吸附行为。当 Bi_2MoO_6 和 H_2O_2 都存在的情况下，光催化降解 RhB 的性能显著提高，表现出较强的协同效应，如图 3 – 6B 所示。为了进一步了解 H_2O_2 浓度与协同效应之间的关系，我们测试了不同 H_2O_2 浓度下 Bi_2MoO_6 对 RhB 的光催化降解性能，如图 3 – 6A 所示。H_2O_2 的浓度较低时，RhB 大约 20 min 被Bi_2MoO_6样品降解完毕，随着 H_2O_2 浓度的不断增加，协同效应越来越显著，当浓度增大到1‰时，光催化效率达到最大值，H_2O_2 浓度再继续增加，光催化效率不再提高。结果说明，H_2O_2 的量不是越多越好，只有适量的 H_2O_2，才能呈现出最大的协同效应。值得注意的是，加入1‰的 H_2O_2 后，Bi_2MoO_6在 2 min 内即可降解 96% 的 RhB。我们还将光催化效率与标准 P25 光催化剂做了对比，由图 3 – 6B 可知，蓝光 LED 照射 8 min 后，RhB 的浓度没有出现特别明显的降低，这跟 P25 只能吸收紫外光，而不能被蓝光 LED 激发有关。当在 P25 悬浮液中加入1‰的 H_2O_2，照射 8 min 后，RhB 的浓度有略微降低。考虑到单独 H_2O_2 存在时，RhB 的浓度并没有降低，因此可以断定，P25 在蓝光 LED 灯下是可以通过光敏化的方式降解 RhB 的，尽管这个过程可能比较漫长，加入 H_2O_2 后，极大地加速了这一过程，因此在 8 min 蓝光 LED 灯照射后，RhB 的浓度出现较为明显的降低。毕竟 P25 不能被蓝光 LED 直接激发，与 H_2O_2 共同作用下的光催化效率依然无法跟片状 Bi_2MoO_6 相比较。

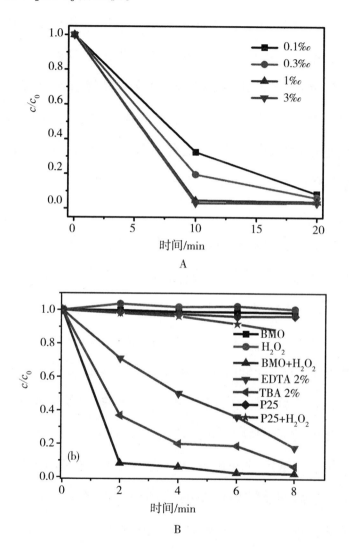

图 3 - 6 A. Bi_2MoO_6 在不同 H_2O_2 浓度下降解 RhB 的性能；

B. 在不同添加剂存在情况下 Bi_2MoO_6 对 RhB 的降解效率

为了进一步了解 Bi_2MoO_6 和 H_2O_2 之间的相互作用机理以及光催化降解过程中起主要作用的活性物种，我们在光催化实验过程中加入2%的 EDTA 和2%的 TBA 分别作为空穴和羟基自由基的捕获剂来进行研究。对于 RhB 来说，如图 3-6B 所示，加入 2% 的 TBA 后，Bi_2MoO_6 光催化降解 RhB 的效率并没有明显降低，而加入2%的 EDTA 后，光催化降解效率急剧下降，这说明羟基自由基对于光催化降解的影响较小或者是羟基自由基的产生速率非常快而肉眼观测不到影响，而空穴对于光催化降解 RhB 起着非常重要的作用。

考虑到在光催化降解 RhB 时光敏化现象的存在，我们选用无色的医药废水污染物苯酚，排除光敏化的影响，来进一步研究 Bi_2MoO_6 样品在蓝光 LED 灯下的光催化活性。图 3-7 为苯酚的浓度随着蓝光 LED 光照时间延长的变化趋势，其中 C 为光照时间 t 时苯酚溶液在 269 nm 处的吸光度值，C_0 为苯酚和光催化剂之间经过吸附 - 脱附平衡之后苯酚溶液在 269 nm 处的吸光度值。由图可知，在没有催化剂的情况下，含有 1‰ H_2O_2 的苯酚溶液在蓝光 LED 的照射下，浓度的变化可以忽略不计，这说明 H_2O_2 本身的氧化电势还没有达到能够破坏苯酚苯环结构的数值。同样，在没有 H_2O_2 存在的情况下，在 Bi_2MoO_6 的光催化作用下，苯酚的浓度也没有随着光照时间的延长而大幅降低。但是，在 Bi_2MoO_6 和 1‰ H_2O_2 的共同作用下，蓝光 LED 灯光照 2 h 后，大约 92% 的苯酚被降解，这说明光催化性能的提高应该是由 Bi_2MoO_6 和 H_2O_2 之间的协同效应带来的。光催化过程的作用机理可以总结为以下几个步骤：

$$Bi_2MoO_6 + h\nu \rightarrow Bi_2MoO_6(e^- + h^+) \qquad (3-1)$$

$$H_2O_2 + Bi_2MoO_6(e^-) \rightarrow \cdot OH + OH^- + Bi_2MoO_6 \quad (3-2)$$

$$OH^- + Bi_2MoO_6(h^+) \rightarrow \cdot OH + Bi_2MoO_6 \qquad (3-3)$$

为了进一步了解空穴和在降解苯酚这个过程中扮演的角色，TBA 和 EDTA 引入到苯酚溶液中分别作为 ·OH 和空穴的捕获剂。如图 3-7A 所示，当 2% 的 EDTA 加入时，大约 94% 的苯酚被 Bi_2MoO_6 光催化剂降解掉，然而当 2% 的 TBA 加入时，只有 86% 的苯酚被降解掉，这个数值要低于 EDTA 加入后的光催化效率。结果表明在降解苯酚的过程中，空穴存在与不存在对光催化效率的影响不大，然而 TBA 加入后，消耗了 ·OH，使得光催化降解苯酚的效率下降，说明 ·OH 更容易攻击苯环，在降解过程中起着更为关键的作用。为了进一步证实这一点，我们进一步加大加入 TBA 的量，来观察苯酚浓度随光照时间的变化趋势，如图 3-7B 所示。结果显示随着光照时间的延长，光催化降解苯酚的效率逐渐降低，这确实说明 TBA 的加入消耗了部分的 ·OH，·OH 对于苯酚的光催化降解起着更为重要的作用，但需要一提的是，虽然大部分的 ·OH 自由基可以由 H_2O_2 和电子反应产生，但是还是有部分的 ·OH 是由空穴和 OH^- 离子反应产生的，这也解释了当 EDTA 加入时光催化降解苯酚的性能有所降低的原因。

为了进一步证明在蓝光 LED 灯的照射下 Bi_2MoO_6 确实产生了

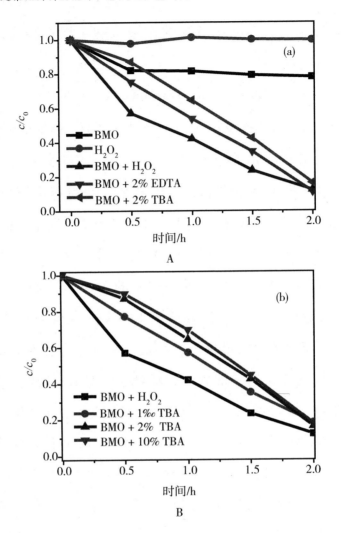

图 3-7 Bi$_2$MoO$_6$光催化降解苯酚：A. 不同添加剂下

苯酚的浓度随着时间的变化；B. TBA 的加入对于光催

化降解苯酚的影响

·OH，我们用 PL 谱的方法间接地对·OH 的浓度进行了检测。

该方法是以 TA 为探针，利用 TA 本身无荧光，极易与·OH 结合，

并且生成的产物具有较强的荧光性能，且荧光强度与生成物的浓

度成比例，来间接表征·OH 的浓度。图 3 - 8 展示了包含有 Bi_2MoO_6 样品浓度为 5×10^{-4} mol·L^{-1} 的 TA 溶液在蓝光 LED 灯照射下浓度随着光照时间的变化。结果显示所得到的 PL 谱和标准的 TA*（TA 和·OH 反应后的产物）具有完全一样的峰形和发射峰峰位，随着光照时间的延长，TA 溶液的荧光强度在其发射峰 425 nm 附近逐渐变强。这说明在光催化降解的过程中，Bi_2MoO_6 确实产生了·OH，并与 TA 结合形成了荧光物质 TA*。

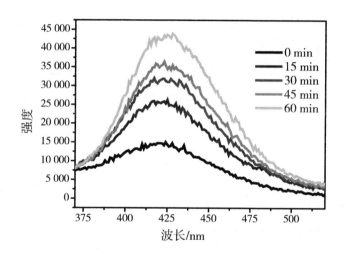

图 3 - 8　在蓝光 LED 灯下 Bi_2MoO_6 光催化过程中

对苯二甲酸加合物的 PL 谱

根据 Bi_2MoO_6 紫外 - 可见吸收光谱我们可以计算得知 Bi_2MoO_6 的禁带宽度为 2.52 eV，如图 3 - 9 所示。根据文献报道的 Bi_2MoO_6 的导带位置为 ca. - 0.32 V vs NHE[190]，推算可知 Bi_2MoO_6 的价带应该在 2.20 V vs NHE。在光照下 Bi_2MoO_6 表面所产生的光生载流子的电势和它们所在能带位置的能级近似相等[191]，也就是说所产生的空穴的电势为 2.2 V vs NHE，这个数值要低于·OH/H$_2$O 的氧化还原电势(+2.68 V vs NHE)，这说明空穴无法直接将水氧化生成·OH，不能发生式(3-3)的反应，更可能按照式 3-2 的反应来形成·OH。然而文献报道·OH 和·O$_2^-$ 均在 Bi$_2$MoO$_6$ 的表面上被检测到过[169]，我们知道 Bi$_2$MoO$_6$ 在光照下产生的光生电子的电势为 -0.32 V vs NHE，比 O$_2$/·O$_2^-$ 的氧化还原电势(+0.13 V vs NHE)更负，这也就为光生电子和 O$_2$ 反应生成·O$_2^-$ 自由基提供了条件，·OH 和·O$_2^-$ 进而在光催化降解苯酚的过程中共同起作用。

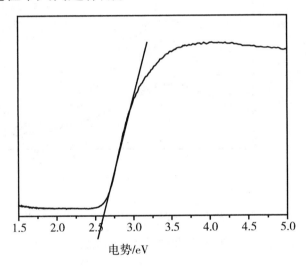

图 3-9 由紫外-可见吸光谱计算得到的 Bi$_2$MoO$_6$ 的禁带宽度

考虑到 TBA 的加入并没有对光催化降解苯酚的效率产生特别大的影响，我们猜测，也许·O$_2^-$ 在苯酚的光催化降解过程中也起到了非常重要的作用。为了证明这一观点，我们在保持其他光催

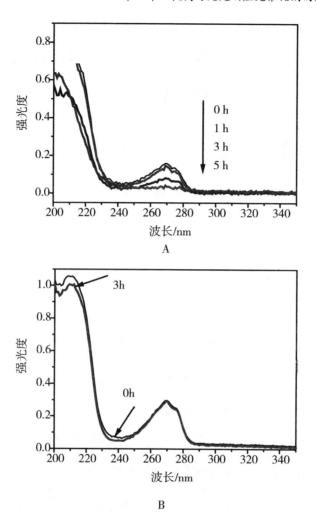

图 3 - 10 A. 空气气氛下 Bi_2MoO_6 在蓝光 LED 灯下光催化降解苯酚

过程中苯酚浓度的变化；**B.** 在 N_2 气氛下 Bi_2MoO_6 光催化降解苯酚过

程中苯酚的紫外－可见吸收谱的变化

化降解条件不变的情况下，在反应体系中通入 N_2 来研究无氧条件

下 Bi_2MoO_6 对苯酚的光催化降解性能，结果展示在图 3 - 10 中。

结果显示，在蓝光 LED 灯下照射 3 h 后，苯酚的降解效率基本为零(图3-10A),与空气气氛中3 h降解近50%的效率形成鲜明的对比,这也证明了我们的猜测是正确的,证实了 O_2 通过与光生电子形成 $\cdot O_2^-$ 的方式在光催化降解苯酚的过程中起到至关重要的作用。那么光催化降解苯酚的方式可以总结如下:

$$O_2 + Bi_2MoO_6(e^-) \rightarrow \cdot O_2^- + Bi_2MoO_6 \quad (3-4)$$

$$\cdot O_2^- + 苯酚 \rightarrow 降解产物 \quad (3-5)$$

$$\cdot OH + 苯酚 \rightarrow 降解产物 \quad (3-6)$$

3.2.3　结论

采用水热法合成了 Bi_2MoO_6 纳米片,该样品对光谱的吸收边缘在500 nm,可以被蓝光 LED 激发,且在蓝光 LED 灯下表现出很好的光催化降解 RhB 和苯酚的性能,对光能有很好的利用效率。使用15 h后 Bi_2MoO_6 光催化剂的 XRD 和 SEM 均没有很大变化,光催化剂表现出非常好的光化学稳定性。H_2O_2 的量对光催化性能具有较大影响,H_2O_2 与 Bi_2MoO_6 显示出很好的协同效应,H_2O_2 的最佳比例为1‰(H_2O_2 : H_2O V/V)。加入空穴捕获剂 EDTA 和 $\cdot OH$ 捕获剂 TBA 后对光催化降解 RhB 和苯酚的效率影响较大。不同的污染物所起主要作用的活性物种也不同。结果表明,对于 RhB 的降解,空穴和 $\cdot OH$ 共同起作用,前者起更为重要的作用,对于苯酚的降解来说,$\cdot OH$ 和 $\cdot O_2^-$ 共同起作用,另外,$\cdot OH$ 主要是由光生电子和 H_2O_2 反应生成,而 $\cdot O_2^-$ 主要由光生电

子和 O_2 反应生成。

3.3　核壳结构 $NaYF_4$：Er，Yb/Bi_2MoO_6 复合材料的制备及其光催化性能的研究

3.3.1　材料的制备和表征

3.3.1.1　样品的制备

所有的化学试剂均为化学纯，由国药集团上海化学试剂公司生产，并且没有经过任何后期处理。$NaYF_4$：Er，Yb 上转换发光材料参考文献[192]制备而得。

$NaYF_4$：Er，Yb/Bi_2MoO_6 通过溶剂热法进行制备，具体实验过程如下：2 mmol 的 $Bi(NO_3)_3 \cdot 5H_2O$ 和 1 mmol Na_2MoO_4 先后溶解在 20 mL 的乙二醇中，待溶液澄清透明后，在磁力搅拌下加入先前制备好的 $NaYF_4$：Er，Yb，$NaYF_4$：Er，Yb 和 Bi_2MoO_6 的物质的量比设为 0∶1、1∶8、1∶6、1∶4 和 1∶2。上述混合溶液搅拌3 h 形成均一的、分散性较好的透明溶液。然后将悬浮液转移到 40 mL 的具有四氟乙烯内胆的水热釜中，填充度为 80%，在 150 ℃下水热 12 h。待水热釜在室温下自然冷却后，将合成的浅黄色样品用去离子水和酒精洗涤数次，并在 60 ℃的恒温干燥箱中

干燥过夜即可得到样品。

Er 掺杂的 Bi_2MoO_6 样品的制备方法和制备 $NaYF_4$：Er，Yb/Bi_2MoO_6 的方法相同，只需将其中的 $NaYF_4$：Er，Yb 换为 $Er(NO_3)_3$。

3.3.1.2　样品的表征

样品的物相、结晶度和漫反射光谱测试方法如 2.2.2 所述，不再赘述。样品的形貌、微观结构和元素分析使用透射电子显微镜、高分辨电子显微镜（JEOL JEM – 2100F）和 X 射线能谱分析进行分析。样品的光致发光谱由 Hitachi F – 4600 和 Shimadzu RF – 5301 PC 进行测量，光谱仪上配有 980 nm 的激发器，整个测试过程在室温下进行。

3.3.1.3　光催化测试

在本实验中采用染料 RhB 作为模拟污染物对样品的光催化性能进行表征。选用 3 W 的绿光 LED（中心波长为 $\lambda = 520$ nm）、3 W 的红光 LED（中心波长 $\lambda = 622$ nm）和 500 W 的 Xe 灯作为光源。整个实验在室温下进行，具体测试过程参照 2.2.4。

3.3.1.4　羟基自由基测试

光催化过程中产生的羟基自由基以 TA 为探针，通过光致发光谱来测定[7]。测试的原理和 TA 碱溶液的配置如 3.2.1.4 所述，不再赘述。

具体的测试过程如下：将 0.05 g 的 $NaYF_4$：Er，Yb/Bi_2MoO_6

样品分散到 50 mL 上述溶液中，并在黑暗中搅拌 1 h 以达到光催化剂和溶质之间的吸附 – 脱附平衡。在光催化过程中，3 W 的绿光 LED 为光源，每 15 min 大约 3 mL 样品被取出，并对其进行离心处理以去除光催化剂颗粒，取其上清液进行 PL 测试。测试在 Hitachi F – 46000 荧光光谱仪上进行。TA 的激发波长为 315 nm，最大发射波长为 425 nm。

3.3.2　实验结果与讨论

图 3 – 11 为不同物质的量比例的 $NaYF_4$ ：Er，Yb/Bi_2MoO_6 复合相样品的 XRD 粉末衍射图。由图可知，所有的衍射峰可以被分为两套：一套是没有标记的，与正交相的 Bi_2MoO_6（JCPDS no. 21 – 0102）非常吻合，且具有很高的结晶度；另一套是用黑色小方块标记的，与六方相的 $NaYF_4$（JCPDS no. 16 – 0334）的峰位完全一致，样品中并没有发现 Er 和 Yb 的峰位，这与这两种物质的掺杂量比较少有关。在所有的复合相样品中，当 $NaYF_4$ ：Er，Yb 和 Bi_2MoO_6 的物质的量比低于 1：2 时，样品中没有检测到 $NaYF_4$ 的特征峰。在所有的样品中，除了 $NaYF_4$ ：Er，Yb 和 Bi_2MoO_6 的特征峰，没有任何其他的杂质峰被检测到。

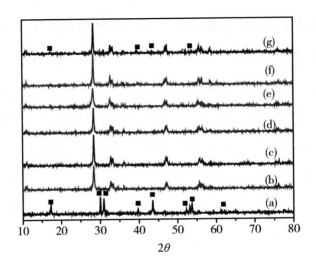

图3-11 NaYF$_4$：Er，Yb／Bi$_2$MoO$_6$的 XRD 谱图：（a）纯的 NaYF$_4$：Er，Yb；（b）0：1；（c）1：8；（d）1：6；（e）1：4；（f）1：3；（g）1：2

NaYF$_4$：Er，Yb 和 1：4 物质的量比的 NaYF$_4$：Er，Yb/Bi$_2$MoO$_6$复合相的形貌和微结构由 TEM 和 HRTEM 进行分析，结果显示在图 3-12 中。如图所示，纯相的 NaYF$_4$：Er，Yb 是由平均直径大约在 28 nm 的纳米球组成（图 3-12A），经过在 Bi（NO$_3$）$_3$·5H$_2$O 和 Na$_2$MoO$_4$的乙二醇前躯体中进行溶剂热反应后，形成了图中所示的 NaYF$_4$：Er，Yb/Bi$_2$MoO$_6$核壳结构（图 3-12B）。样品中核的直径大约为 26 nm，壳的厚度大约为 6 nm。核壳结构被认为是一种非常有效的手段去设计核和壳之间具有相互作用的功能材料，因此在本研究中我们也特别设计了这种结构来增强 NaYF$_4$：Er，Yb 和 Bi$_2$MoO$_6$之间的相互作用，实现 Bi$_2$MoO$_6$对 NaYF$_4$：Er，Yb 所发出的光的全方位吸收。也正是这种结构的设计，NaYF$_4$：

Er，Yb 被 Bi_2MoO_6 包裹在内部，使得复合相的 XRD 中观测不到 $NaYF_4$ 的衍射峰位。

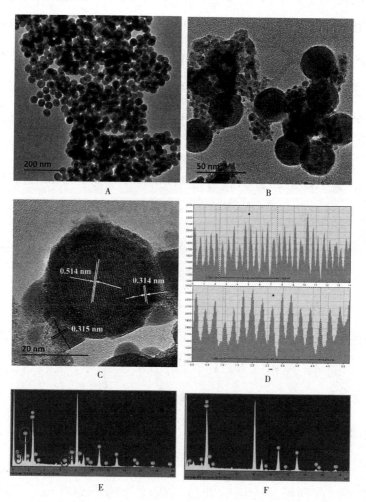

图 3 - 12　$NaYF_4$：Er，Yb 的 TEM 照片（A）；$NaYF_4$：Er，Yb 和 Bi_2MoO_6 的物质的量比为 1∶4 时的 TEM 照片（B）；核壳结构的 $NaYF_4$：Er，Yb/Bi_2MoO_6 的高分辨照片（C）；$NaYF_4$（100）晶面和 Bi_2MoO_6（131）晶面的晶格间距（D）；核壳结构 $NaYF_4$：Er，Yb/Bi_2MoO_6 复合相中心部位（E）和边缘部位（F）的 EDS 分析

为了进一步研究该复合相的结构，由 HRTEM 对样品进行了进一步的分析。由图 3 – 12C 和 D 中可以看出，样品的晶面间距主要有 0.514 nm 和 0.314 nm 两种，0.514 nm 的晶面间距对应于 NaYF$_4$ 的（100）晶面，而 0.314 nm 的晶面间距和 Bi$_2$MoO$_6$ 的（131）晶面非常匹配。同时图 3 – 12E 和 F 给出了复合相中心部位和边缘部位的 EDS 能谱分析情况，可以看到在中心部位同时出现了 Bi、Mo、O、Yb 和 F 元素，然而边缘部位却只有 Bi、Mo 和 O 元素出现。基于以上的分析，可以断定我们合成了核为 NaYF$_4$：Er，Yb，壳为 Bi$_2$MoO$_6$ 的 NaYF$_4$：Er，Yb/Bi$_2$MoO$_6$ 复合相光催化剂。

作为光催化材料，光催化剂对光的吸收能力和吸光范围对光催化剂的光催化性能起着至关重要的作用。图 3 – 13 所示为 NaYF$_4$：Er，Yb、Bi$_2$MoO$_6$ 和 NaYF$_4$：Er，Yb/Bi$_2$MoO$_6$ 复合相的紫外可见吸收光谱。谱图 a 为 NaYF$_4$：Er，Yb 紫外可见吸光谱，从图中可以看到，纯相的 NaYF$_4$：Er，Yb 具有三个吸收带，中心吸收波长分别在 488 nm、522 nm 和 654 nm，分别对应 Er^{3+} 从基态 $^4I_{15/2}$ 能级跃迁到 $^4F_{7/2}$、$^2H_{11/2}$ 和 $^4F_{9/2}$ 激发态能级[193]。谱图 b 为纯相 Bi$_2$MoO$_6$ 的紫外可见吸收光谱，如图中所示，Bi$_2$MoO$_6$ 可以吸收从紫外光区一直到可见光区的能量，吸收边缘在 500 nm。对比纯相的 Bi$_2$MoO$_6$，复合相 NaYF$_4$：Er，Yb/Bi$_2$MoO$_6$ 在 450 nm 和 900 nm 之间显示出更强的光吸收能力。

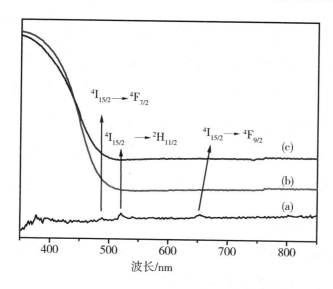

图 3 - 13 NaYF$_4$：Er，Yb(a)、Bi$_2$MoO$_6$(b) 和 NaYF$_4$：

Er，Yb/Bi$_2$MoO$_6$复合相(c)的紫外可见吸收谱

NaYF$_4$：Er，Yb 是非常热门的上转换发光材料之一，并被广泛地应用于生物成像的研究，根据掺杂物质的不同，它可以利用低能量的光子发射出不同颜色的可见光和紫外光。Er 和 Yb 共掺 NaYF$_4$ 的发光机理如图 3 - 14 所示，当 Yb^{3+} 离子吸收一个 980 nm 的光子，就可以从基态^{2}F$_{7/2}$被激发到激发态^{2}F$_{5/2}$，激发态的能量可以通过能量转移的方式转移给临近的 Er^{3+} 离子，接着 Er^{3+} 离子再吸收一个光子或者继续接受从 Yb^{3+} 离子转移过来的能量，进而被进一步激发到^{4}F$_{7/2}$能级[179]，同时 Er^{3+} 离子也可以自己吸收一个光子的能量从基态跳跃至^{2}I$_{11/2}$能级，继续吸收光子或者接受 Yb^{3+} 离子转移过来的能量跃迁至^{4}F$_{7/2}$能级，Yb^{3+} 离子在这里的作用只是增大 Er^{3+} 离子跃迁至高能级的概率，从而增大上转换发光材料

的发光强度。在这个能级上，Er^{3+}离子有三种跃迁方式：一是以辐射的方式直接回到基态，发射 407 nm 的紫光；二是以非辐射的方式弛豫到 $^2H_{11/2}$ 能级，然后以辐射的方式回到基态，发出 522 nm 的绿光；三是继续以非辐射的方式弛豫到 $^4S_{9/2}$ 能级，发射 654 nm 的红光[183,186]。如图 3 – 14 所示，材料中的 Er^{3+} 离子能级众多，Er^{3+} 可以以不同的方式到达辐射跃迁能级，从而发射波长较短的光。当激发的能量更高时，一些 $^4F_{7/2}$ 能级的 Er^{3+} 离子还会被激发到 $^4G_{11/2}$ 能级，然后以非辐射的方式弛豫到 $^2H_{9/2}$ 进而发射紫外光。所发射的紫外光和紫光均可以激发 Bi_2MoO_6。

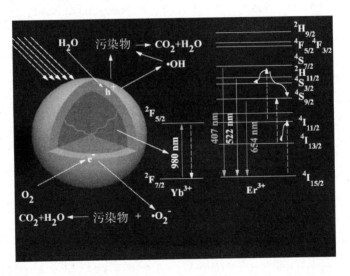

图 3 – 14　$NaYF_4$：Er，Yb/Bi_2MoO_6复合相的光催化机理

为了证明 Bi_2MoO_6 可利用 $NaYF_4$：Er，Yb 发出的光，对 $NaYF_4$：Er，Yb、$NaYF_4$：Er，Yb/Bi_2MoO_6（1：4）、Bi_2MoO_6 和 $NaYF_4$：Er，Yb/Bi_2MoO_6物理混合相四个样品在 980 nm 激光器照

射下的光致发光谱进行了表征，如图 3 - 15 所示。由图可知，纯的 NaYF$_4$：Er，Yb 和物理混合相的样品显示出很强的三个发射带：518 ~ 528 nm、539 ~ 549 nm 和 653 ~ 660 nm，这和先前的文献报道相符[183]。然而复合相和纯的 Bi$_2$MoO$_6$在上述区域并没有发射峰。结果说明所合成的复合相可以有效地利用 NaYF$_4$：Er，Yb 所发出的光，简单的物理混合不能使 Bi$_2$MoO$_6$有效地利用 NaYF$_4$：Er，Yb 所发出的光，核壳结构可提高对 NaYF$_4$：Er，Yb 所发出光的利用效率。

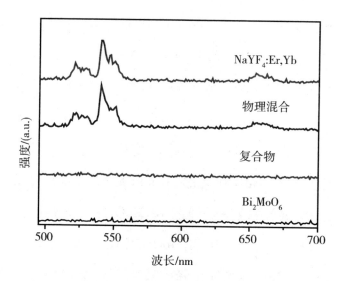

图 3 - 15　NaYF$_4$：Er，Yb、NaYF$_4$：Er，Yb/Bi$_2$MoO$_6$（1∶4）、Bi$_2$MoO$_6$和 NaYF$_4$：Er，Yb/Bi$_2$MoO$_6$物理混合相的 PL 谱

RhB 在印染行业是个非常常见的工业染料，但是在自然环境中非常难以降解，还有一定的致癌性。本实验以所合成样品对 RhB 的光催化降解效率来衡量光催化剂的活性。本实验中采用

500 W Xe 灯来提供模拟太阳光。图 3 – 16A 为在模拟太阳光的照射下，不同催化剂表面 RhB 的浓度随时间的变化曲线。其中 c_t 代表在光照 t 时间后 RhB 溶液在 552 nm 处的吸光度值，c_0 表示 $NaYF_4$：Er，Yb/Bi_2MoO_6 光催化剂与 RhB 染料经过吸附平衡之后 RhB 溶液在 552 nm 处的吸光度值。由图可知，在没有光催化剂的情况下，RhB 溶液的浓度降低极为缓慢，可以忽略不计，说明 RhB 染料具有一定的光化学稳定性，不易在自然光照射下光解。在 $NaYF_4$：Er，Yb/Bi_2MoO_6 复合相光催化剂存在的情况下，随着 $NaYF_4$：Er，Yb 相对于 Bi_2MoO_6 的物质的量比例逐渐上升，对 RhB 溶液的光催化效率逐渐下降。当 $NaYF_4$：Er，Yb 和 Bi_2MoO_6 的物质的量比从 0：1 增大到 1：8 再增大到 1：6 时，光照 15 min 时对 RhB 的光催化降解效率从 98% 降低到 25% 再降低到 13%。但是，$NaYF_4$：Er，Yb 和 Bi_2MoO_6 的物质的量比继续增大到 1：4 时，将近有 98% 的 RhB 在光照 10 min 后被光催化降解掉。这时复合相的光催化降解效率是纯的 Bi_2MoO_6 的 1.6 倍。同时我们也发现，当 $NaYF_4$：Er，Yb 和 Bi_2MoO_6 的物质的量比继续增大到 1：2 时，复合相对 RhB 的光催化降解效率下降至 60%。胡军成教授课题组在 2011 年报道 Er 掺杂的 Bi_2MoO_6 光催化剂在模拟太阳光下 25 min 即可全部光催化降解 RhB 染料[194]，相比之下，$NaYF_4$：Er，Yb 复合的 Bi_2MoO_6 光催化剂明显具有较高的光催化活性。通过和我们课题组报道的 Er 掺杂的 Bi_2WO_6 光催化降解 RhB 性能的对比，我们发现 Er 掺杂的 Bi_2WO_6 在模拟太阳光下 30 min 可以将

RhB 完全降解[193]，我们所合成的 NaYF$_4$：Er，Yb/Bi$_2$MoO$_6$ 复合相可在 10 min 内将 RhB 全部降解，具有更高的光催化活性。

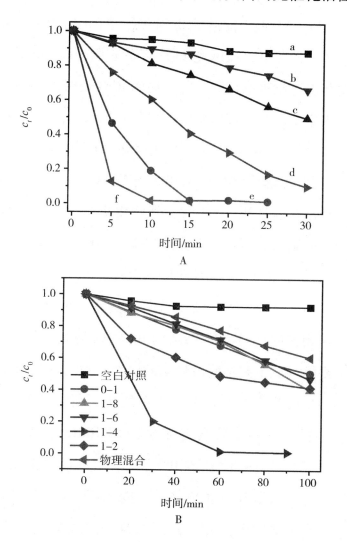

图3-16 A. 在模拟太阳光下，不同催化剂对 RhB 的光催化降解效率：(a) Blank，(b)1∶6，(c)1∶8，(d)1∶2，(e)0∶1，(f)1∶4；B. 在绿光 LED 灯 (λ=520 nm) 下，不同比例的 NaYF$_4$：Er，Yb/Bi$_2$MoO$_6$复合相光催化剂对 RhB 的光催化降解效率

　　为了进一步了解 $NaYF_4$：Er，Yb 在光催化过程中所起的作用，我们选用绿光 LED 灯作为光源来进一步研究，该光源可以激发 $NaYF_4$：Er，Yb 但不能激发 Bi_2MoO_6。如图 3－16B 所示，当不存在催化剂的情况下，在绿光 LED 灯下光照 100 min 后，RhB 溶液的浓度并没有出现明显的下降，说明 RhB 在绿光 LED 灯下的光解是可以忽略的。当 $NaYF_4$：Er，Yb 和 Bi_2MoO_6 的物质的量比例为 0：1、1：8 和 1：6 时，光催化降解 RhB 的效率几乎一样，100 min 后可以降解约 60% 的 RhB。当 $NaYF_4$：Er，Yb 和 Bi_2MoO_6 的物质的量比例增加到 1：4 时，光催化降解 RhB 的效率大幅提高，60 min 照射后，可以降解大约 99% 的 RhB。随着 $NaYF_4$：Er，Yb 占比继续增加到 0.5，光催化降解 RhB 的效率降低到 51%。为了更好地说明 $NaYF_4$－Er，Yb 在光催化过程中的贡献，我们还将合成的复合相光催化剂与 Er 掺杂的 Bi_2MoO_6 的光催化性能做了对比。为了摒除合成工艺不同所带来的误差，我们特意合成了 Er 掺杂的 Bi_2MoO_6 光催化剂。如图 3－17 所示，所合成的 Er 掺杂的 Bi_2MoO_6 在光照 60 min 后没有完全降解 RhB，仍有大量剩余，$NaYF_4$－Er，Yb/Bi_2MoO_6 复合相明显具有更高的光催化活性。这也说明采用 $NaYF_4$ 作为 Er 的载体，共掺 Yb 可以提高 Er 离子的能量转移效率和发光效率，从而增大 Bi_2MoO_6 的光催化效率。同时，我们还将 Er 掺杂 Bi_2MoO_6 的光催化性能与我们课题组也曾报道过 Er 掺杂的 Bi_2WO_6 的光催化性能做了对比，如图 3－18 所示。结果表明，在绿光 LED 光源照射 1 h 后，Er 掺杂的 Bi_2WO_6 降解了接近

45%的 RhB，Er 掺杂的 Bi_2MoO_6 降解了 60%以上的 RhB。对比来看，Er 掺杂的 Bi_2MoO_6 具有稍高的光催化活性。

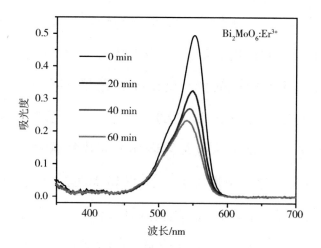

图 3 – 17　Er 掺杂的 Bi_2MoO_6 光催化剂在绿光 LED 灯下光催化降解 RhB 浓度随着时间的变化

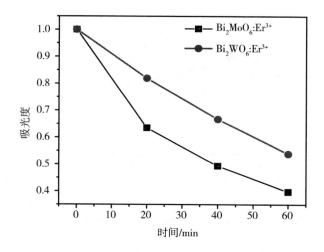

图 3 – 18　Er 掺杂的 Bi_2WO_6 和 Er 掺杂的 Bi_2MoO_6 在绿光 LED 照射下光催化降解 RhB 的性能对比

　　考虑到绿光 LED 灯对 RhB 具有一定的敏化作用，我们选用一个不产生敏化作用也不能激发 Bi_2MoO_6，只能激发 $NaYF_4 - Er$, Yb 的红光 LED 灯作为光源，来进一步挖掘上转换发光材料在光催化过程中所起的作用。如图 3 - 19 所示，在不存在任何光催化剂的情况下，RhB 溶液的吸光度值随着光照时间的延长，缓慢上升，这主要是因为在红光 LED 的照射下，随着光照时间的延长，发热比较严重，可以明显地看到烧杯上面热气腾腾，水分的不断蒸发导致 RhB 浓度的缓慢上升。纯的 Bi_2MoO_6 光催化剂的作用下 RhB 的浓度也有所下降，很可能是周围环境中的白炽灯和自然光线所造成的 Bi_2MoO_6 的光催化降解。我们所合成的 $NaYF_4 - Er$, Yb/Bi_2MoO_6 复合相光催化剂在红光 LED 光源照射 9 h 后，可以降

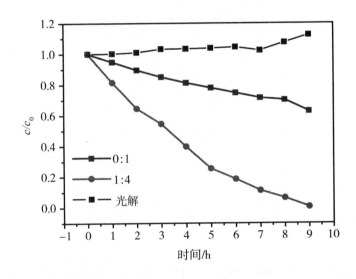

图 3 - 19　红光 LED 光源照射下，各个不同样品对 RhB 的光催化性能对比

解接近99%的 RhB，在同等的对比条件下，我们还是可以看出复合 $NaYF_4$ – Er，Yb 上转换发光材料的光催化剂在低能量光源的照射下，具有明显的优势。

通常来讲，在复合相中随着 Bi_2MoO_6 有效质量的降低，光催化降解的效率逐渐降低。因此，随着 Bi_2MoO_6 在 $NaYF_4$：Er，Yb/Bi_2MoO_6 中含量的降低，在模拟太阳光下光催化降解 RhB 的效率会逐渐降低，但实验结果并非如此。事实上，Xe 灯是模拟的太阳光，可以提供连续波段的激发波长，除了其中的紫外和可见成分被 Bi_2MoO_6 利用外，其中的红外成分也可以被 $NaYF_4$：Er，Yb 利用，发生上转换发光效应。因此可以肯定的是，在 Bi_2MoO_6 有效质量减少造成的光催化性能降低和上转换发光效应带来的光催化性能提升之间存在着一个平衡。当 $NaYF_4$：Er，Yb 为最佳物质的量比时(在本实验中为 1：4)，光催化性能在 Bi_2MoO_6 的有效质量降低的情况下也会被提升，光催化性能的提升应该来源于上转换发光效应。同样的情况也发生在绿光 LED 的光催化降解实验中。考虑到 RhB 可以吸收绿光，因此我们认为光敏化在其中也扮演一个重要角色，因此随着 Bi_2MoO_6 有效质量的降低，敏化作用的载体量就会减少，导致光催化性能下降。但是当 $NaYF_4$：Er，Yb 和 Bi_2MoO_6 物质的量比为 1：4 时，光催化性能有了很大程度的提升，这说明在绿光 LED 光源的照射下，激发了三价 Er^{3+}，Er 离子之间通过能量转移被激发到更高的能带，从而促使上转换发光现象发生，对光催化性能的提升做出了贡献，这种现象之前也被报道过[186,193-194]，这里加入 $NaYF_4$ 载体，引起声子散射更小，促进了能量转移过程的发生，提高了上转换发光的效率，从而也对光催化性能的提升有帮助。

为了进一步证实核壳结构有利于提高复合相光催化剂对 $NaYF_4$：Er，Yb 所发出的光能的利用率，我们将纯相的 $NaYF_4$：Er，Yb 和 Bi_2MoO_6 均匀混合后的样品的光催化性能与复合相做了对比。如图 3-16 所示，仅有40%的 RhB 被物理混合相样品所降解，然而复合相在同样的时间内却可以降解接近99%的 RhB。对比 $NaYF_4$：Er，Yb 和 Bi_2MoO_6 的物理混合相以及复合相的 PL 谱和光催化降解性能，不难看出，核壳结构更有利于 Bi_2MoO_6 光催化剂对 $NaYF_4$：Er，Yb 所发出的光能的利用率，从而提高对太阳光能的利用率。同时，我们对不同催化剂表面所产生的 OH 自由基浓度进行了检测，如图 3-20 所示。从图中可以看出，在没有光催化剂或者仅有纯的 $NaYF_4$：Er，Yb 存在的情况下，OH 自由基的浓度几乎没有变化，对比纯的 Bi_2MoO_6、$NaYF_4$：Er，Yb 和 Bi_2MoO_6 的物理混合相和核壳结构的 $NaYF_4$：Yb/Bi_2MoO_6 复合相，复合相在光催化过程中具有最高的 OH 自由基浓度，其次是两者的物理混合相，最后是纯的 Bi_2MoO_6 光催化剂。从对比实验中得知，Bi_2MoO_6 可以利用 $NaYF_4$：Er，Yb 所发出的光激发更多的电子在复合相催化剂表面形成更多的羟基自由基，因此羟基自由基浓度高于纯的 Bi_2MoO_6 物相，核壳结构可以帮助 $NaYF_4$：Er，Yb/Bi_2MoO_6 复合相更有效地利用 $NaYF_4$：Er，Yb 所发出的光，使得复合相表面的羟基自由基浓度高于两者的物理混合相。

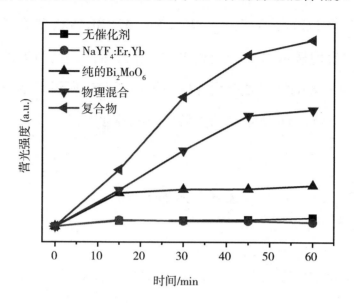

图 3-20 各个样品表面产生的·OH 浓度随着时间的变化趋势

3.3.3 结论

本工作中采用溶剂热的方法设计并控制合成了具有上转换发光效应的核壳结构 NaYF$_4$：Er，Yb/Bi$_2$MoO$_6$纳米复合相光催化剂。样品的 XRD、TEM、HRTEM、EDS 和 DRS 表征表明所合成的样品确实为 NaYF$_4$：Er，Yb/Bi$_2$MoO$_6$的复合相且具有核壳结构。核的直径为 26 nm，壳的厚度大约为 6 nm，且核为上转换发光材料 NaYF$_4$：Er，Yb，壳为光催化剂 Bi$_2$MoO$_6$。复合相中的 NaYF$_4$：Er，Yb 作为上转换发光材料可以将红外光和低能量的可见光转化

为可以激发 Bi_2MoO_6 波长的光。不管是在模拟太阳光下还是绿光 LED 和红光 LED 光源下，$NaYF_4：Er，Yb/Bi_2MoO_6$ 复合相对 RhB 溶液的降解均显示出高于纯相 Bi_2MoO_6 的活性，且两者的最佳比例为 1：4。表征证实光催化性能的提高得益于所设计的核壳结构和 $NaYF_4：Er，Yb$ 所带来的上转换发光效应。

3.4　本章小结

在本章中，以可见光响应 Bi_2MoO_6 光催化剂作为研究对象，通过使用集中的蓝光 LED 光源和引入上转换发光材料的方式来提高对光能的利用率。

通过水热法合成了片状的 Bi_2MoO_6，其光吸收阈值在 500 nm，正好可以被蓝光 LED 灯激发。本实验选用消耗能量较同光效的白炽灯减少 80%，发射波长在 465 nm 附近，波长较为单一，能量非常集中的蓝光 LED 灯作为光源，大幅提高 BMO(是 Bi_2MoO_6 的简写)对能量的利用率。所合成的 Bi_2MoO_6 样品在 3 W 蓝光 LED 灯下表现出很好的光催化降解 RhB 和苯酚的性能，RhB 和苯酚分别可以在 60 min 和 5 h 内完全降解。使用 15 h 后 Bi_2MoO_6 光催化剂的 XRD 和 SEM 表明，样品并没有发生物相和形貌的变化，光催化剂表现出非常好的光化学稳定性。同时发现，H_2O_2 与 Bi_2MoO_6 显示出很好的协同效应，H_2O_2 与 Bi_2MoO_6 光催化剂之间的最佳比例为 1‰(H_2O_2 : 悬浮溶液, V/V)。通过加入 EDTA 和 TBA 分别作为空穴和·OH 的捕获剂, 设计一系列实验分别研究了在 RhB 和苯酚降解过程中起关键作用的活性物种。结果表明, 对于 RhB 的降解, 空穴和·OH 共同起作用, 且空穴更容易与 RhB 发生氧化反应; 对于苯酚来说, ·OH 和·O_2^- 共同起作用, 通过对其禁带宽度的计算和导带价带位置的分析, 可以得知·OH 主要是由光生电子和 H_2O_2 的反应生成, 而·O_2^- 主要由光生电子和 O_2 反应生成。对光催化过程中 Bi_2MoO_6 催化剂表面产生的·OH 浓度的表征更证实了·OH 的重要作用。

另外, 复合上转换发光材料是拓宽 Bi_2MoO_6 对太阳光能利用率的有效方式。采用两步溶剂热的方法设计并控制合成了 NaYF$_4$: Er, Yb/Bi_2MoO_6 复合相光催化剂。经 XRD、TEM、HRTEM、EDS 和 DRS 表征证实, 所合成的样品确实为 NaYF$_4$: Er, Yb/Bi_2MoO_6 的复合相且具有核壳结构。该复合相无论是在模拟太阳光下还是绿光 LED 和红光 LED 灯下, 都表现出高于纯相 Bi_2MoO_6 的光催化效率, 对比不同比例样品的光催化活性, 可以发现两者的最佳比例为 1 : 4。复合相中的 NaYF$_4$: Er, Yb 作为上转换发光材料可以将红外光和低能量的可见光转化为可以激发 Bi_2MoO_6 波长的光, 从而提高了 Bi_2MoO_6 的光催化性能。通过对物理混合相、核壳结构复合相和纯相 Bi_2MoO_6 的 PL 谱、表面羟基自由基的浓度和光催化性能进行分析, 得知光催化性能的提高应该得益于所设计的核壳结构和 NaYF$_4$: Er, Yb 所带来的上转换发光效应。

第四章　提高可见光响应光催化剂的分离效率

4.1　引言

  水资源污染已成为全球面临的共同问题，直接影响到社会的可持续发展。光催化技术是最有前景的污水处理方法之一。它的特色和优势在于直接利用太阳光将有机污染物彻底矿化，无须消耗其他能源，不产生二次污染，开发成本低，能耗少，是一种非常理想的具有深远发展潜力的环境污染治理新技术。全球正积极开展光催化技术研究和实际应用的推广工作。例如，在西班牙等阳光充沛的国家，开展了中试规模的 TiO_2 污水处理系统，十几年前设计建造了欧洲第一座工业规模的示范工程，按照商业化的要求运行，使太阳能光催化技术完全实现工业化运转。我国污染物排放量已居世界第一或第二位，国家对污染防治问题高度重视。

目前已经开发的光催化剂主要有 TiO_2、ZnO、ZrO_2、WO_3、SnO_2、Bi 基三元化合物等，这些光催化剂无论是在溶液中还是在气相反应中都表现出良好的光催化活性，但是纳米级的粉末状光催化剂在水溶液中不易沉降，催化剂难以再次回收循环使用，不利于光催化技术的实际应用。

将光催化剂粉末负载到玻璃棒、膨润土、不锈钢网等载体上可以解决光催化剂的分离难题，但在固载化后，会出现另外一些问题：（1）由于催化剂比表面积减小，造成光催化剂对模拟污染物的吸附作用和吸光效率降低，光催化活性会有不同程度的降低；（2）固化后的光催化剂在光催化过程中会出现脱落，造成光催化剂的损失，从而造成光催化性能降低；（3）由于固载化的限制，负载的光催化剂的量较少，难以大量负载，造成光催化性能较低。因此，目前还需进一步对该技术加以优化或者开发新方法来解决光催化剂的分离问题。

近年来，随着电纺丝方法被广泛用来制备自支撑膜，而受到越来越多的重视。电纺丝方法起源于 20 世纪 90 年代，被开发用来合成一维的纤维，随着人们发现一维材料具有非常多的特殊性能，而被用来尝试合成越来越多的材料并研究其一维性能。电纺丝方法最初被用来合成有机聚合物，后来有研究者通过电纺丝方法合成了聚丙烯腈/TiO_2 作为染料敏化光伏电池用薄膜[195]，可以大幅提高光伏性能。还有被用来合成磁性材料 $NiFe_2O_4$[196]、聚乙烯比咯烷酮/ZnO 光致发光材料[197]，后来用电纺丝的方法成功地

合成了 TiO_2[198]，越来越多的人开始使用电纺丝方法来研究光催化材料，一方面是因为微观的一维形貌带来的特殊性能有可能带来光催化性能的提升，另一方面，电纺丝可以形成自支撑薄膜，不受负载量少和负载光催化剂脱落的限制，且由于纵向尺寸较大，可自行快速沉降，解决光催化剂的分离问题。

另外，磁性半导体材料因其光催化效率低下而长期不被重视，而纳米磁性材料具有巨大的比表面积，可以有效地提高其光催化活性，同时在磁场下易于实现催化剂的回收，因此受到了人们的重视。有研究者用 Fe_3O_4 和 $Y-Fe_2O_3$ 纳米粒子作为磁性材料，但在高温或者有氧环境下这两种磁性物质很容易转变为无磁性的 $\alpha-Fe_2O_3$，从而使磁分离失去意义。因而寻找具有良好的光催化活性且化学稳定性、热稳定性较高的磁性光催化剂具有十分重要的应用价值。

在前面研究中，我们发现 Bi_2MoO_6 具有很好的光催化降解性能，且可以可见光响应，可以利用单色 LED 灯达到很好的光催化降解效果。而其光催化剂为纳米片状结构，很难分离，到目前为止，所合成的 Bi_2MoO_6 纤维是先水热合成，将水热合成的纳米粉再次分散在有机前驱体中，使用电纺丝方法合成，还无人尝试用电纺丝方法二步来合成三元化合物 Bi_2MoO_6 以解决其分离难题，因此在本章中，我们通过工艺更为简单的两步法，即电纺丝和后续热处理，来合成了 Bi_2MoO_6 纤维，并研究了实验参数对其物相和形貌的影响，并对其光催化性能进行了表征。这里所设计的方法具有一定的普适性，可以很容易地推广到 Bi_2WO_6 纤维的合成，并对实验参数对 Bi_2WO_6 纤维物相和形貌的影响做了分析，对其光催化性能进行探讨。

此外，采用磁性材料也是解决光催化剂分离的有效手段。据报道，尖晶石结构的纳米晶有很好的化学稳定性、热稳定性、磁性能、较大的比表面积[199-200]和光学性能[201]，这些性能促使这类材料成为非常好的电子材料、光伏材料和光催化材料的候选。其中，$ZnFe_2O_4$ 具有一个较窄的禁带宽度（1.92 eV）[202]，是一个非常有潜力的可见光响应光催化剂[203-204]。先前的研究证明 $ZnFe_2O_4$ 的光催化活性受自身的表面酸碱性、比表面积、吸附能力和边界效应影响，到目前为止还没有相关文献研究纳米 $ZnFe_2O_4$ 晶面对其光催化性能的影响。本章以 $ZnFe_2O_4$ 作为研究对象，通过引入柠檬酸钠和油酸钠作为形貌控制剂合成了纳米尺寸的 $ZnFe_2O_4$ 八面体，研究了样品的光催化活性以及水热温度、时间、pH 和柠檬酸钠的合成参数对 $ZnFe_2O_4$ 光降解活性的影响。通过对比不规则形状的、固相反应法制备的和八面体的 $ZnFe_2O_4$ 的光催化性能，来研究晶面和晶粒尺寸对光催化性能的影响。

4.2　电纺丝方法制备一维三元化合物 Bi_2MO_6（M=Mo，W）及其性能研究

4.2.1　实验过程和表征

4.2.1.1　样品的制备

所有的化学试剂均为化学纯，由国药集团上海化学试剂公司生产，并且没有经过任何后期处理。

Bi_2MoO_6 纤维经过电纺丝和后期的热处理两步法制成，具体的制备步骤如下：首先将 0.4 g 的聚乙烯醇缩丁醛（PVB）溶解在 10 mL 乙醇中，待完全溶解后，加入 2 mmol 的磷钼酸形成溶液 A，溶液颜色为亮黄色。接着将 4 mmol 的 $Bi(NO_3)_3 \cdot 5H_2O$ 溶解在 2 mL 的乙二醇中形成透明溶液 B，然后将溶液 B 缓慢地滴加到溶液 A 中，在滴加的整个过程中溶液始终保持亮黄色的透明溶液，将该混合溶液在磁力搅拌下搅拌 30 min 形成均一的前驱体，接着将该前驱体转移到 20 mL 的注射器中，将注射器安装到静电纺丝设备上后，高压设备一头连接注射器针尖，另一头连接地面。设定纺丝电压为 14 kV，进样速度为 2 mL/h，针尖与接收板之间的距离为 20 cm，并进行纺丝。待纺丝完毕后，将收集板上的样品

在不同的温度下热处理 2 h 即可得到一维 Bi_2MoO_6 纤维。

该方法具有一定的普适性，可以延伸到 Bi 基的其他材料，比如 Bi_2WO_6。一维 Bi_2WO_6 纤维的制备方法与一维 Bi_2MoO_6 纤维的制备方法大致相同，只需将其中的磷钼酸换为磷钨酸，其他合成顺序不变。

4.2.1.2 样品的基本表征

样品的物相和结晶度、形貌分析和漫反射谱测试方法如 2.2.2 所述。样品的表面物种变化用差示扫描热量法和热重法进行分析，在 NETZSCH STA 409 PC/PG 仪器上进行，升温速度为 10 K/min。

4.2.1.3 光催化性能表征

实验中采用 RhB 和 MB 染料作为模拟污染物对所合成的样品的光催化活性进行评估。选用模拟太阳光源的 Xe 灯作为光源。整个实验在室温下进行，具体过程如下：将 0.1 g 的光催化剂在磁力搅拌下分散到 100 mL 的 RhB 溶液中，染料浓度为 2×10^{-5} mol L^{-1} 或者 100 mL 的亚甲蓝（MB）溶液中，浓度为 20 mg/L。在实验开始之前，将配置好的悬浮液在黑暗中磁力搅拌 2 h 以达到光催化剂和染料之间的吸附 - 脱附平衡。光催化实验过程中，在给定的时间间隔内，取样大约 3 mL，然后将样品离心去除所含的光催化剂颗粒，取上清液在 Hitachi U – 3010 UV – vis 光谱仪上进行分析。模拟污染物 RhB 的吸收带在 553 nm 左右，MB 的吸收带在 664 nm 左右。根据模拟污染物吸光度值的变化来衡量光催化降解效率。

4.2.2　实验结果与讨论

在本实验中能够成功合成一维三元化合物 Bi_2MoO_6 有三个关键因素，就是磷钼酸、乙二醇和 PVB 这三种试剂的引入。根据文献报道，以往合成 Bi_2MoO_6 常用的钼源是钼酸铵或者钼酸钠，这是非常常见且重要的两种钼盐，具有非常好的离子性，可很好地解离。对于电纺丝来说，需要一个高挥发性的溶剂，才能在高压下迅速挥发变为固体，一般常用的溶剂为乙醇、丙酮和 DMF 等，但我们发现这两种钼盐很难溶解在乙醇或 DMF 里，我们对钼盐进行排查发现，磷钼酸可以大量地溶解在酒精里，因此磷钼酸是一个非常好的替代试剂。解决了钼盐的溶解问题，还需要考虑的是如何将 Bi 溶解在酒精里。因为 $Bi(NO_3)_3 \cdot 5H_2O$ 加入乙醇里会发生醇解，虽然不像在水里立刻大量水解生成 $Bi(OH)_3$ 沉淀，但还是会有颗粒状的沉淀物出现，无法形成均一透明的溶液。从原理上来讲，解决 $Bi(NO_3)_3 \cdot 5H_2O$ 醇解有两个方案，一是加入强酸溶剂，抑制 Bi 的醇解；二是加入络合物，阻止 Bi 发生醇解反应。一方面我们考虑到，加入强酸很容易引入杂质元素，最好的选择是硝酸，但即使是最浓的硝酸也含 35% 的水分，不仅影响纺丝质量，还降低了有机物的含量，影响纺丝强度，因此我们考虑采用第二种方案——加入有机络合物。在此我们选用乙二醇作为

Bi(NO$_3$)$_3$·5H$_2$O 的溶剂，主要是因为本课题组一直在做 Bi 基材料的研究，发现乙二醇对于 Bi 来说具有较好的络合力，同时对纺丝的质量影响不大。同时我们发现，当将含 Bi 的乙二醇溶液滴加到磷钼酸溶液中去的时候，Bi 离子也不会因为大量乙醇的存在而发生醇解反应，而是和乙二醇紧紧地络合在一起使得整个溶液呈现黄色透明状。因此，乙二醇对于 Bi$_2$MoO$_6$ 纤维的成功合成具有重要的作用。另外，PVB 看似是一个可替换的纺丝添加剂，但是在实验过程中我们发现，在常见的聚合物当中，比如聚乙烯比咯烷酮、PVB 和聚乙烯醇，PVB 是唯一一个可以提供一定的黏度且与溶液中的其他物质形成均一透明溶液的有机聚合物。需要一提的是，在合成的过程中注射器针尖和收集板之间的距离对于样品的形貌有很重要的影响。一方面，施加高压点在针尖，距针尖距离不同的地方，电压也不同，离针尖越近的地方，电压值越大，离针尖越远的地方电压值越小，一直到接收板上电压为 0；另一方面，当针尖和接收板的距离不同，加载电压一样时，针尖到板之间的场强也不同，距离越短，之间的场强越大，同样距离内的电势也会变大，但空气的电阻是一定的，显示的电流也会变大，大到一定程度会将中间的空气层击穿。实验发现，当电纺丝设备显示的电流大于 1.5 A 时，针尖就会出现火花，并将样品点燃，这样的样品经热处理后，呈现大块状而不是纤维状，如图 4－1 所示。

图4-1 在注射器针尖和接收板之间距离过小时所合成的样品的形貌

X 射线衍射是用来分析样品的物相结构的，图 4 – 2 显示了在不同温度下热处理后的 Bi_2MoO_6 样品的 XRD 谱图。从图中可以看出，在 350 ℃和 400 ℃热处理后的样品均为正交相的 Bi_2MoO_6（JCPDS 21 – 0102），晶格参数是 $a = 5.502$ Å（1 Å $= 10^{-10}$ m），$b = 16.213$ Å，$c = 5.483$ Å，但是当热处理温度升高到 450 ℃的时候，样品的主相仍为正交 Bi_2MoO_6（JCPDS 21 – 0102）物相，但从（131）晶面峰位靠小角度方向出现了伴峰，说明样品的物相已经开始发生了变化，正在向另外一种物相转变，当温度继续升高到 500 ℃，样品的物相发生了彻底的转变，转变为另一种正交相的 Bi_2MoO_6（JCPDS card no. 22 – 0112），晶格参数为 $a = 15.910$ Å，$b = 15.800$ Å，$c = 17.190$ Å。从 500 ℃的 XRD 谱图上我们也可以得知，450 ℃样品的伴峰为（134）晶面的峰位。我们还可以看到，在 350 ℃时，样品的 XRD 谱图峰强较弱，且半高宽较大，结晶性较差，随着热处理温度的升高，样品的结晶性逐渐变强。

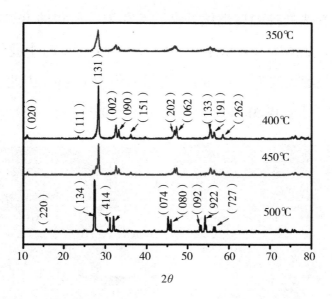

图 4 - 2　在不同温度下热处理后的 Bi$_2$MoO$_6$ 样品的 XRD 谱图

图 4 - 3A 为热处理温度为 350 ℃ 的 Bi$_2$MoO$_6$ 样品的 SEM 照片。由图我们可以看出，所合成的 Bi$_2$MoO$_6$ 是由互相缠绕在一起的纤维组成的，纤维的长度长达数百微米。我们对图 4 - 3A 中所示部分放大对 Bi$_2$MoO$_6$ 纤维进行进一步观察，如图 4 - 3B 所示，这些纤维的直径大约在 700 nm，尺寸较为均一。当热处理温度升高到 400 ℃ 时，我们从图 4 - 3C 中可以看到，两根甚至更多的 Bi$_2$MoO$_6$ 纤维开始黏结在一起，并且继续长大为更粗的纤维，从纤维侧面和横截面仍可以看出粗纤维是由多个细纤维生长而成，纤维的粗细极其不均一，可以明显看出处于生长过程中。当热处理温度继续增加到 450 ℃，纤维的生长结束，纤维的粗细变得较均一，

且表面有大小接近 1 μm 的圆孔，形成了多孔纤维，如图 4 – 3D
所示。随着热处理温度继续升高到 500 ℃，所得的 Bi_2MoO_6 样品
为短棒状，如图 4 – 3E 所示。从放大图（图 4 – 3F）中我们可以看
出短棒的长度大约为 2 ~ 3 μm，直径大约为 1 μm。因此，合适的
热处理温度对于 Bi_2MoO_6 纤维的合成很重要。

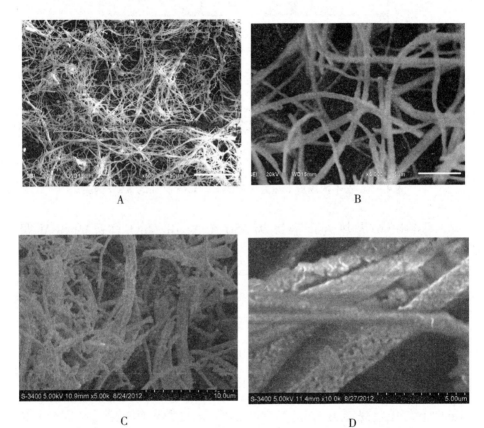

A

B

C

D

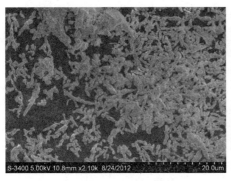 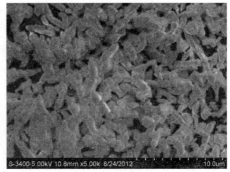

E   F

图 4 - 3 在不同温度热处理所合成的 Bi_2MoO_6 样品的形貌：（A、B、）350 ℃；（C）400 ℃；（D）450 ℃和（E、F）500 ℃

  热处理温度为 350 ℃ 的 Bi_2MoO_6 样品的光学性能用紫外 – 可见光谱仪进行表征。图 4 – 4 所示为样品的吸收光谱，由样品的漫反射光谱计算而得。由图可知，所合成的 Bi_2MoO_6 纤维可以吸收可见光，对可见光的利用延伸至 500 nm，且吸收曲线在 400 nm 和 500 nm 之间陡然下降，说明样品的光学吸收为本征吸收，而不是来源于杂质能级的吸收。

  热处理温度为 350 ℃ 的 Bi_2MoO_6 纤维的光催化活性通过降解模拟污染物 RhB 和 MB 来进行评估，实验中所用光源为模拟太阳光 Xe 灯。图 4 – 5A 显示了光催化降解 RhB 的过程中 RhB 溶液吸光度值随着时间的变化，RhB 溶液的浓度为 2×10^{-5} mol/L。552 nm 处的吸光度值降低表明 RhB 溶液浓度的降低，峰位发生偏移，说明 RhB 的分子结构遭到破坏。从图 4 – 5A 中可以看出，随着光照时间的延长，RhB 溶液的浓度逐渐下降，且伴随着吸收谱

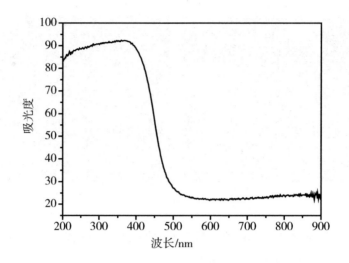

图 4 - 4　热处理温度为 350 ℃的 Bi₂MoO₆ 样品的漫反射光谱

带的蓝移。在模拟太阳光照射下，Bi₂MoO₆ 纤维表现出较好的光催化降解 RhB 的性能，60 min 后，大约有 99% 的 RhB 被降解掉，且最大吸收峰值移至 497 nm。这些实验结果表明在 RhB 被降解的过程中，RhB 的去甲基化和其共轭结构的破坏同时发生。图 4 - 5B 所示为模拟污染物 MB 溶液在模拟太阳光照射下吸光度值随着时间的变化。从图中可知，随着光照时间的延长，664 nm 左右吸收带的吸光度值逐渐减小，但是并没有发生蓝移的现象，经过 100 min 的照射，接近 100% 的 MB 被降解掉。所合成的 Bi₂MoO₆ 纤维对 RhB 和 MB 溶液均表现出很好的光催化降解性能，同时由于所合成样品具有较大的横向尺寸，可在所在染料溶液中快速沉降，自行快速分离，具有较好的应用前景。

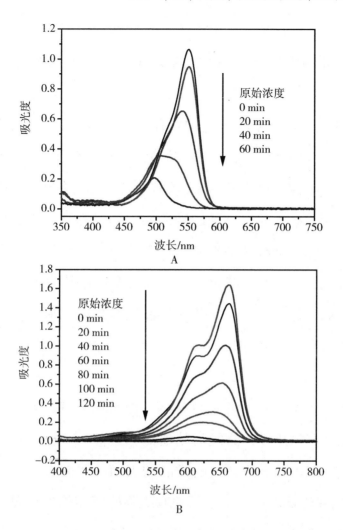

图 4-5　A. Bi₂MoO₆ 悬浮液在可见光照射下 RhB 染料吸收光谱随着光照时间的
变化；B. 可见光照射下含有 Bi₂MoO₆ 纤维光催化剂溶液中 MB 吸收光谱的变化

合成 Bi₂MoO₆ 纤维的方法具有一定的普适性，可以很容易地复制到其他 Bi 基材料上，比如 Bi₂WO₆。合成 Bi₂WO₆ 纤维的方法和合成 Bi₂MoO₆ 的方法类似，除了用磷钨酸替代其中的磷钼酸之外，其他加料顺序和方式完全不变。同样，纺丝后的样品在不同的温度下进行热处理，所合成的 Bi_2WO_6 样品的晶体结构用 XRD 进行表征，如图 4-6 所示。由图可知，在 350 ℃ 热处理的样品的主要物相为正交相的 Bi_2WO_6（JCPDS 39-0256），晶格参数为 $a = 5.457$ Å，$b = 16.435$ Å，$c = 5.438$ Å，仍有一个在 30.4° 的衍射峰无法确定，猜测应该为 Bi_2WO_6 晶化过程中未完全反应的杂质。当温度升高到 400 ℃ 时，样品的结晶性得到了提高，但杂质峰仍未完全消失。当温度继续增加到 450 ℃，样品的衍射峰强度大大增强，结晶性增大，杂质峰也消失，也没有任何其他的杂质被 XRD 检测到。为了进一步证实 350 ℃ 样品结晶性差的原因，对样品进行了 DSC-TG 分析，如图 4-7 所示。通过对比 350 ℃ 和 500 ℃ 热处理的 Bi_2WO_6 样品的 DSC-TG 曲线发现，350 ℃ 下热处理的样品在 525 ℃ 处有非常强的放热峰，而 500 ℃ 下热处理的样品在 525 ℃ 处没有放热峰，曲线的其他部分近似一样，由此我们基本可以断定，350 ℃ 下热处理的样品的表面残留有有机物，该样品 XRD 的峰强较低应该是由表面的有机物残留和热处理温度较低造成的。由于 350 ℃ 下热处理的 Bi_2MoO_6 样品的 XRD 峰强也较低，我们将 350 ℃ 下热处理的 Bi_2MoO_6 样品和 350 ℃ 和 500 ℃ 热处理的 Bi_2WO_6 样品进行了对比，发现 350 ℃ 下热处理的 Bi_2MoO_6 样品在有机物燃烧的温度范围内并没有发现放热峰，因此也可以基本断定 350 ℃ 下热处理的 Bi_2MoO_6 样品的峰强低是由于热处理温度较低，Bi_2MoO_6 样品没有较好地结晶的原因。另外，值得一提的是，当温度升高到 500 ℃时，Bi_2WO_6样品的物相并没有发生改变，仅是结晶性较 350 ℃下热处理的样品更强。

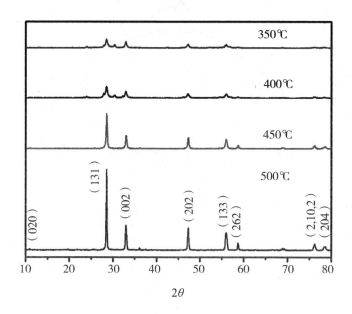

图 4 - 6　在不同热处理温度下的 Bi_2WO_6 纤维的 XRD 谱图

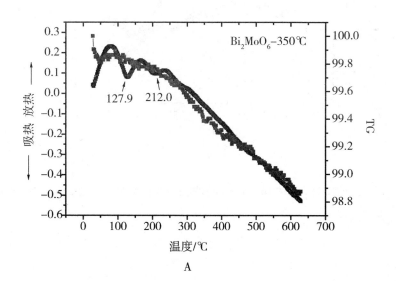

A

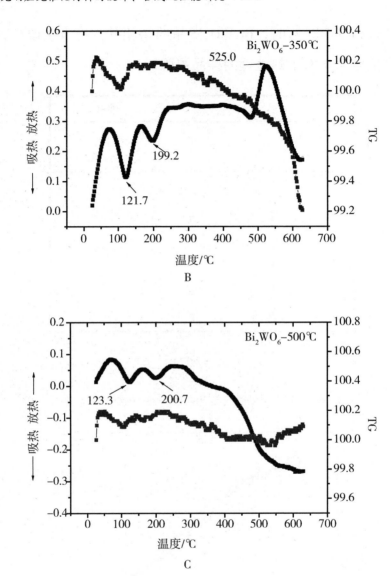

图 4 - 7　在 350℃热处理的 **Bi₂MoO₆** 样品和在 350 ℃和 500 ℃热处理的 **Bi₂WO₆** 样
品的 **DSC - TG** 曲线

图 4-8 显示了不同热处理温度下 Bi_2WO_6 纤维的形貌。如图 4-8(A、B) 为 350 ℃下热处理的 Bi_2WO_6 样品的形貌。从低倍的 SEM 照片 (图 4-8A) 可以看出 Bi_2WO_6 纤维的尺寸均一，表面光滑，从高倍的 SEM 照片 (图 4-8B) 可以看出，纤维的直径大约在 800 nm。当温度升高到 400 ℃时，所得到的 Bi_2WO_6 样品的尺寸变得不均一 (图 4-8C)，且表面变得粗糙 (图 4-8D)。当热处理温度进一步升高到 450 ℃，纤维的尺寸仍然不均一 (图 4-8E)，同时直径大幅降低，缩短至 500 nm 左右 (图 4-8F)，这可能与 Bi_2WO_6 纤维内部颗粒进一步结晶化有关。随着热处理温度继续升高到了 500 ℃，大量的气孔出现在 Bi_2WO_6 纤维的表面 (图 4-8G)，且孔的直径尺寸大约在 100 nm 到 300 nm 之间 (图 4-8H)，这与 500 ℃下处理的 Bi_2MoO_6 纤维不同。对比同温度下的 Bi_2MoO_6 和 Bi_2WO_6 纤维的 XRD 和 SEM 照片，我们发现 Bi_2MoO_6 的结晶温度低于 Bi_2WO_6，大约为 50 ℃，因此低温下 Bi_2MoO_6 的结晶性更好，高温下，Bi_2MoO_6 更容易发生物相改变。随着温度的升高形貌的变化趋势一致，由于 Bi_2MoO_6 的结晶温度更低，更早地出现了多孔纤维。同时也说明，热处理温度对于电纺丝纤维的形貌有非常大的影响。

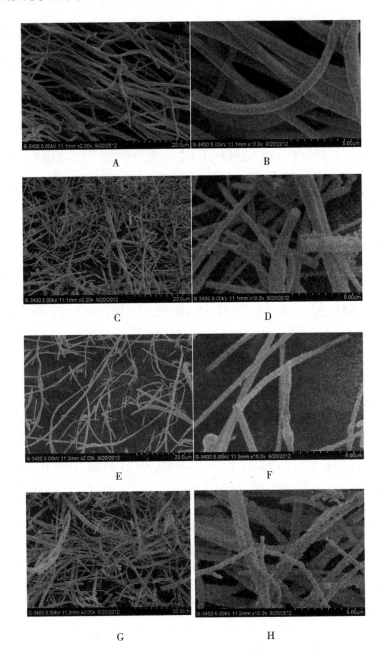

图4-8　不同热处理温度下 Bi_2WO_6 纤维的形貌：（A、B）350 ℃；
（C、D）400 ℃；（E、F）450 ℃；（G、H）500 ℃

由于 450 ℃下热处理的 Bi_2WO_6 样品具有较好的结晶性，因此就对该样品进行了紫外 – 可见吸收谱的表征。图 4 – 9A 为 450 ℃下热处理的 Bi_2WO_6 纤维的漫反射光谱。由图可知，样品可以吸收紫外和可见光，可利用光的波长一直延伸到 450 nm，这说明所合成的 Bi_2WO_6 纤维可以在可见光下进行光催化实验。图 4 – 9B 显示了该样品在模拟太阳光下光催化降解模拟污染物 RhB 染料的性能。从图中可以看到，随着光照时间的延长，RhB 在 552 nm 处的吸光度值不断下降，说明 RhB 的浓度不断下降，最大吸收峰处的吸光度值也不断降低，同时最大吸收峰峰位不断蓝移，这和 Bi_2MoO_6 纤维降解 RhB 的情况相同，两者对模拟污染物都表现出很好的光催化降解能力。另外需要指出的是，所合成的 Bi_2MO_6（Mo，W）纤维具有较大的横向尺寸，均可以在 15 min 内快速沉降，具有很好的分离能力。

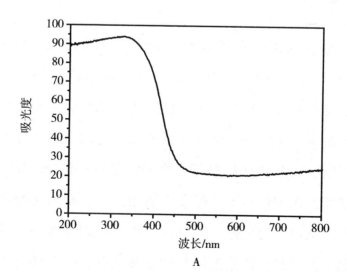

A

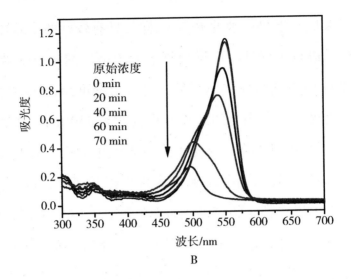

B

图 4 – 9 A. 在 450 ℃下热处理的 Bi₂WO₆纤维的光学吸收谱；B. 在含有 Bi₂WO₆光催化剂的溶液中模拟污染物 RhB(1 × 10⁻⁵ mol · L⁻¹) 随着光照时间吸收谱的变化

4. 2. 3 结论

首次通过电纺丝和后期热处理相结合的方法合成了一维 Bi₂MO₆(M = Mo，W) 光催化剂。研究了前躯体的浓度、溶剂种类、高聚物与溶质之间的配比及热处理温度对合成样的形貌的影响。结果表明，样品的物相和形貌可以通过调节热处理温度得到很好的控制。随着热处理温度的增加，所得到的 Bi₂MoO₆的结晶性逐渐增加，在 450 ℃下开始发生物相改变，形貌逐渐由纤维变为多孔纤维继而变为短棒。然而对于 Bi₂WO₆纤维来讲，随着后期热处理温度的增加，样品的结晶性逐渐增强，物相始终未发生改变，形貌逐渐由纤维变为多孔纤维。Bi_2MoO_6和Bi_2WO_6纤维的平均直径根据后期热处理温度的不同在 400 nm 到 1 μm 之间。通过对 RhB 和 MB 的光催化降解我们可知，所合成的样品具有很好的光催化降解能力。同时由于采用电纺丝方法合成的纤维长度在微米级别，在 15 min 内即可快速自行沉降。

4.3 合成条件对八面体铁酸锌光催化性能的影响

4.3.1 样品的制备和表征

4.3.1.1 材料制备

所有试剂均为分析纯，无须进一步纯化处理即可使用。铁酸锌的制备过程如下：首先将 $FeCl_3 \cdot 6H_2O$(0.2 mmol) 和柠檬酸钠（3 mmol）溶解在去离子水中，持续搅拌 10 min 后，加入 $Zn(NO_3)_2 \cdot 7H_2O$。将混合前驱体溶液转移到 40 mL 的特氟隆内衬的高压釜中，在 180 ℃下保持 15 h，然后自然冷却至室温。收集红棕色产物，并用蒸馏水和乙醇洗涤几次。之后，将产品放在 60 ℃的空气烘箱中干燥，获得样品。在水热反应温度和时间、pH、柠檬酸钠量等不同反应条件下合成的 $ZnFe_2O_4$产物分别命名为 S1、S2、S3 等，如表 4-1 所示。

表4-1　不同条件下制备的 ZnFe₂O₄

样品	pH	时间/h	柠檬酸钠/mmol	温度/℃
S1	13	15	3	130
S2	13	15	3	160
S3	13	15	3	180
S4	13	15	3	200
S5	8	15	0.5	180
S6	8	20	0.5	180
S7	8	25	0.5	180
S8	8	15	1	180
S9	8	15	3	180
S10	10	15	3	180

4.3.1.2　表征

样品的 XRD 表征在 D / MAX 2250 V 衍射仪(日本 Rigaku)上测量,使用 40 kV 和 100 mA 下的单色 Cu Ka($\lambda = 0.154\ 18$ nm)辐射并在 $15 \leqslant 2\theta \leqslant 80$ 的范围内扫描。制备的样品的形貌和微观结构用 TEM(2100 型,日本东京的 JEOL 公司)和 SEM(JEOL JSM - 6700F)进行了表征。使用 BaSO₄ 作为参考,在紫外可见分光光度计(Hitachi U - 3010)上获得样品的紫外可见漫反射光谱。NETZSCH STA 409 PC / PG 对样品进行差示扫描量热法/热重分析(DSC / TG)。

4.3.1.3　RhB 光催化降解实验

通过在可见光下 RhB 的光催化降解脱色来评估样品的光催化活性。使用带有 420 nm 截止滤光片的 500 W Xe 灯作为模拟光源,以提供可见光照射。在每个实验中，将 0.05 g 的光催化剂添加到 50 mL RhB 溶液（10^{-5} mol/L）中。在照明之前，将溶液在黑暗中轻微搅拌 5 h，以确保在光催化剂和 RhB 之间建立吸附 – 解吸平衡。然后在磁力搅拌下将溶液置于可见光照射下进行光催化降解实验。在给定的时间间隔，每次取样 3 mL 溶液进行离心。然后，取上清液通过使用 Hitachi U – 3010 紫外可见分光光度计检查 553 nm 处的吸光度来监测在光降解过程中 RhB 的实时浓度。

4.3.2　实验结果与讨论

通过 XRD 检查 S5 样品的晶体结构和物相纯度，如图 4 – 1 所示。尖锐峰型表明样品良好的结晶性，相对较宽的半高宽说明样品的尺寸可能很小。结果表明该催化剂为 $ZnFe_2O_4$，面心立方尖晶石结构（JCPDS 卡号 86 – 0507，空间群 Fd3m），其晶格参数为 $a = b = c = 0.8442$ nm 和 $\alpha = \beta = \gamma = 90°$。应该注意的是，所有样品的物相均是尖晶石 $ZnFe_2O_4$，没有杂质。有趣的是，与标准光谱相比，（440）峰与（311）峰的峰强比增大，这表明所获得的产物可能由准八面体组成。

从图 4 – 2A 中，TEM 观察表明 S5 样品由八面体组成，尺寸在 10 ~ 15 nm 范围内。为了确认 $ZnFe_2O_4$ 样品的形貌，通过 SEM 对样品进行了研究。如图 4 – 2B 所示，我们可以清楚地看到样品由具有光滑表面的八面体和准八面体 $ZnFe_2O_4$ 组成，这与 XRD 的

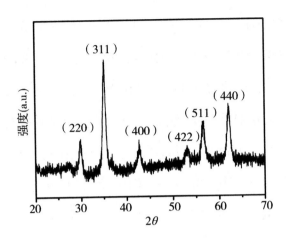

图 4 – 1　样品 S5 的 XRD 图谱

结果一致。根据以上分析，可以确定以柠檬酸钠为表面活性剂通过一步法水热法成功地合成了八面体 $ZnFe_2O_4$，所得 $ZnFe_2O_4$ 的形貌和微观结构与以前的报道明显不同[205 – 206]。

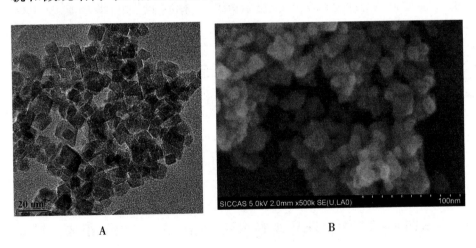

图 4 – 2　样品 S5 的 TEM 图像（A）与 SEM 图像（B）

与电子结构特征相关的光吸收性能被认为是影响光催化活性

的关键因素。**S5** 样品的光学特性如图 4 – 3 所示。可以观察到，八面体 $ZnFe_2O_4$ 显示了从紫外光到可见光区域较宽的光吸收范围，其吸收边在 700 nm 处急剧上升，这暗示了这些材料在可见光照射下高光催化活性的可能性。为了获得八面体 $ZnFe_2O_4$ 的禁带宽度（E_g），我们基于直接带隙半导体的光吸收理论计算如下[207]：

$$\alpha h\nu = B(h\nu - E_g)^{1/2}$$

其中 α、$h\nu$ 和 B 分别是吸收系数，离散光子能量和与材料有关的常数。图 4 – 3 内的小图中显示了八面体 $ZnFe_2O_4$ 的 $(\alpha h\nu)^2$ 对 $h\nu$ 的关系图。曲线的线性特性表明存在直接过渡。带隙能量 E_g 通过对曲线的直线部分外推到能量轴来确定。带隙能量估计为 1.72 eV，小于报道值[208-209]。

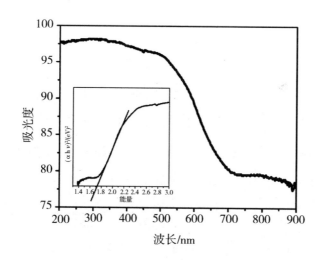

图 4 – 3 样品 S5 的漫反射图谱

通过 RhB 染料的降解来评估 $ZnFe_2O_4$ 的光催化活性。图 4 – 4

为 S4 样品在可见光照射下光催化降解 RhB 的浓度随时间的变化。可以看出，RhB 的特征峰为 550 nm，在 4 h 内显著下降。从曲线的形状可以看出，$ZnFe_2O_4$ 样品降解 RhB 的机理是 N – 去甲基化过程和共轭结构的破坏同时进行。

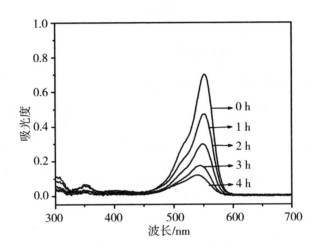

图 4 – 4　不同光照时间下样品 S4 降解 RhB 的紫外可见光吸收光谱

图 4 – 5、图 4 – 6、图 4 – 7 和图 4 – 8 中，c 为照射后的 RhB 的浓度，c_0 为照射前的光催化剂粒子上达到吸附平衡后的浓度。在可见光下的空白测试（不含任何光催化剂的 RhB 溶液）表明 RhB 几乎没有光解，说明 RhB 在可见光下非常稳定。相反，在存在 S1、S2、S3、S4、S5、S6、S7、S8、S9 的情况下，RhB 的降解进行得相当快。同时，所制备样品的光催化降解活性明显不同，说明光催化活性受 $ZnFe_2O_4$ 合成条件的影响。从图 4 – 5 中可以看出，RhB 在 S1、S2、S3 和 S4 表面光催化降解 4 h 后的降解率分别为 24.0%、40.7%、94.1% 和 86.4%，这表明 $ZnFe_2O_4$ 的水热

反应温度应该在光催化活性中起重要作用，最佳水热反应温度为
180 ℃。从图 4 - 6 可以看出，光催化降解 RhB1 h 后 S5、S6 和 S7
的光催化活性遵循 S5 > S7 > S6 的顺序。在 1 h 内，S5 样品分解
了约 93% 的 RhB，这表明最佳水热时间为 15 h。与 S3 样品的光催
化活性相比，S5 样品在 1 h 内降解了近 93% 的 RhB，而 S3 样品在
同样测试条件下仅降解了 43.9% 的 RhB。S3 和 S5 的合成条件表
明前驱体溶液的 pH 和柠檬酸钠的量可能在光催化活性中起决定
性作用。图 4 - 7 显示 RhB 的降解率随前驱体溶液 pH 的升高而增
加。尽管 S3、S9 和 S10 的光催化活性在 4 h 后几乎相同，但光催
化速率却不同。结果表明，随着 pH 的增加，$ZnFe_2O_4$ 产物的光催
化速率增加。

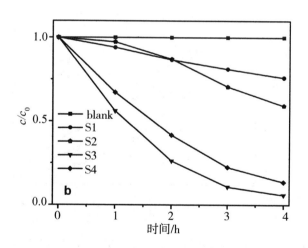

**图 4 - 5　不同水热反应温度制备的样品 S1、S2、S3、S4 可见光催
化降解 RhB 的时间 - 效率函数**

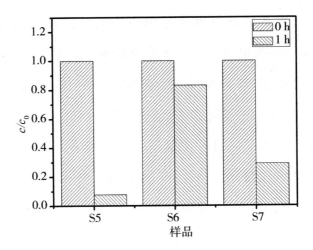

图4-6　不同水热反应时间制备的样品 S5、S6、S7 可见光催化降解 RhB 1 h 后的效率对比

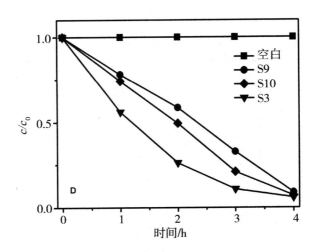

图4-7　不同 pH 条件下制备的样品 S3、S9、S10 的可见光 催化降解 RhB 的时间-效率函数

如图4-8所示，用0.5 mmol 柠檬酸钠合成的 S5 样品在1 h 内几乎降解了93%的 RhB。但是，随着柠檬酸钠量的增加，光催化活性急剧下降。这意味着柠檬酸钠的量对样品的光催化活性起着举足轻重的作用。原因可能是八面体 $ZnFe_2O_4$ 样品表面被过量的柠檬酸钠紧密地包围着，阻碍了样品和模拟污染物的接触，在正常条件下很难用去离子水和乙醇将其除去。过量的柠檬酸钠会部分占据 $ZnFe_2O_4$ 上的表面活性位，从而阻碍反应物分子与催化剂之间的有效接触。因此，S8 样品进行了 TG - DSC 测试，如图 4 - 9 所示。在 22 ~ 113 ℃、113 ~ 190 ℃ 和 190 ~ 423 ℃ 温度范围内，主要存在三个失重区域。重量损失的前两个阶段也分别对应于吸附水和柠檬酸钠的结晶水的蒸发。第三阶段可能与从颗粒表面吸附的柠檬酸钠的燃烧或分解有关，这可能进一步表明柠檬酸钠确实吸收在八面体 $ZnFe_2O_4$ 的表面上[205]。同时，该文献指出在 $ZnFe_2O_4$ 样品的表面上确实存在柠檬酸钠。

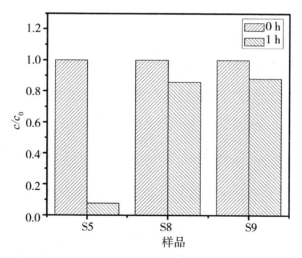

图 4 - 8　不同柠檬酸用量制备的样品 S5、S8、S9 可见光催化 RhB 1 h 后的效率对比

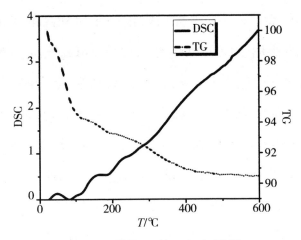

图 4 - 9　样品 S8 的 TG - DSC 图

4.3.3　结论

总之，通过水热反应温度、时间、pH，柠檬酸钠用量等制备条件成功合成了八面体 $ZnFe_2O_4$。合成条件对所制得样品的光催化活性具有重要影响。最佳水热温度为 180 ℃，最佳水热时间为 15 h。随着前驱体 pH 的增加，光催化活性逐渐增加。当柠檬酸钠的用量高于 0.5 mmol 时，柠檬酸钠用量进一步增加导致光催化活性的急剧降低，这意味着柠檬酸钠的量对光催化活性具有主要影响。

4.4 磁性可分离光催化剂 $ZnFe_2O_4$ 的合成和性能研究

4.4.1 样品的制备和表征

4.4.1.1 样品的制备过程

所有的化学试剂均为化学纯，由国药集团上海化学试剂公司生产，不经过任何后期处理。

八面体 $ZnFe_2O_4$ 的制备过程如下：将 1 mmol 的 $Zn(SO_4)_2 \cdot 7H_2O$ 溶解在去离子水中，然后加入 3 mmol 油酸钠，经过 10 min 的磁力搅拌，加入 2 mmol 的 $FeCl_3 \cdot 6H_2O$ 溶液立刻变为橘红色，通过加入 1 mmol/L 的 NaOH 将上述溶液的 pH 调整到 13，调节过程中样品的颜色逐渐加深，然后将所得悬浮液转移到 40 mL 的具有四氟乙烯内胆的不锈钢外套的水热釜中，在 180 ℃下水热 15 h。等水热釜在空气中自然冷却至室温，将水热釜内红棕色的样品进行离心，并用去离子水和乙醇溶液洗涤数次，在 60 ℃ 的恒温鼓风干燥箱中干燥。不添加油酸钠的样品的合成方法与上述相同，只需不添加油酸钠螯合剂。大块的 $ZnFe_2O_4$ 通过传统的固相反应法（SSR）制得。

4.4.1.2 样品的表征

样品的物相结构由 X 射线衍射仪测得，所用的仪器为日本的 Rigaku D/MAX 2250 V 衍射仪，使用单色 Cu K_a($\lambda = 0.154\ 18$ nm) 射线，扫描电压为 40 kV，扫描电流为 100 mA，扫描角度范围为 15°~80°。所合成样品的形貌和微结构表征在透射电子显微镜（TEM，Model 2100，JEOL，Tokyo，Japan）上进行。样品的紫外-可见漫反射谱测试方法参照 2.2.2。样品磁性性能的测量使用物理性能测试系统（PPMS）进行，测试条件为 300 K。

4.4.1.3 光催化性能测试

样品的光催化性能通过在可见光下光催化降解模拟污染物 RhB 来进行评估。实验过程中所使用的光源为 500 W 的 Xe 灯，外加一个 420 nm 的滤光片以提供波长大于 420 nm 的可见光。具体测试过程参照 2.2.4。

4.4.2 实验结果与讨论

图 4-10 展示了所合成样品的物相结构、形貌和晶体结构的表征。如图 4-10A 所示，所合成样品的 XRD 显示，所有的衍射峰都与标准面心立方相尖晶石结构的 $ZnFe_2O_4$ 相吻合，标准卡片为 JCPDS 22-1012，空间群为 Fd3m [227]，晶格参数为 $a = b = c = 8.441$ Å。从图中可以看出，样品的 XRD 峰的半高宽较大，峰强较强，说明所合成的 $ZnFe_2O_4$ 为结晶性很好的纳米晶。

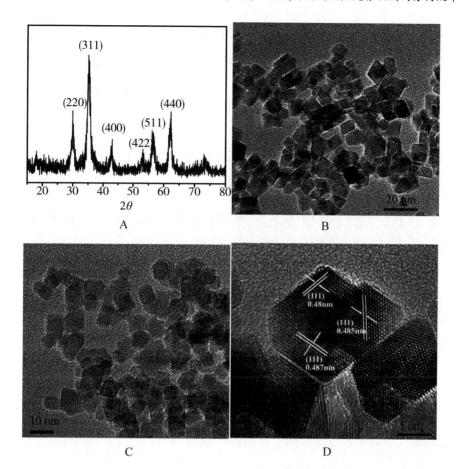

图 4 – 10 在 pH = 13 情况下所合成的样品的 XRD 谱图(A);在合成过程中添加油酸钠(B 和 D)和没有添加油酸钠(C)所合成的样品的 TEM 和 HR-TEM 表征

从图 4 – 10B 可以看出,使用油酸钠作为螯合剂所合成的 $ZnFe_2O_4$ 具有八面体形貌,尺寸在 8 ~ 12 nm,较为均一。为了了解油酸钠对于 $ZnFe_2O_4$ 八面体形貌形成的影响,我们对不添加油酸钠所合成的 $ZnFe_2O_4$ 的形貌进行了对比表征。从图 4 – 10C 可以看出,不添加油酸钠所合成的样品的形貌为不规则形貌的颗粒,且相互容易团聚。这些结果表明油酸钠螯合剂确实在八面体铁酸锌的合成过程中起着非常重要的作用。为了进一步确认所合成的八面体 $ZnFe_2O_4$ 纳米晶的结构，对样品进行了 HRTEM 的表征，如图 4 - 10D 所示。从图中可以看到，晶面间距有 0.48 nm、0.485 nm 和 0.487 nm，均对应于 $ZnFe_2O_4$ 的（111）晶面，同时也可以看到晶格条纹十分清晰，说明样品具有非常好的结晶性。根据以上分析，我们可以断定，我们合成了具有八面体形貌的 $ZnFe_2O_4$ 纳米晶。

我们发现相对于固相反应法所合成的 $ZnFe_2O_4$，本实验中所合成的样品的晶粒尺寸非常小，且具有八面体的形貌，我们猜测这个应该与油酸钠溶解到水中所释放出来的油酸根的空间位阻作用有关。油酸根离子在这里的作用也许和合成 ZnO 纳米晶时所使用的烷基链酸一样[205]，可以选择吸附在 $ZnFe_2O_4$ 的某个晶面，从而形成了八面体的铁酸锌。根据实验现象的分析，提出的一个可能的反应机理如下式所示：

$$ZnSO_4 \rightarrow Zn^{2+} + SO_4^{2-} \tag{4-1}$$

$$Zn^{2+} + 2C_{18}H_{33}O_2Na \rightarrow C_{18}H_{33}O_2ZnC_{18}H_{33}O_2 + 2Na^+ \tag{4-2}$$

$$FeCl_3 \rightarrow Fe^{3+} + 3Cl^- \tag{4-3}$$

$$Fe^{3+} + 3OH^- \rightarrow Fe(OH)_3 \tag{4-4}$$

$$C_{18}H_{33}O_2ZnC_{18}H_{33}O_2 + 2Fe(OH)_3 \rightarrow ZnFe_2O_4 + 2C_{18}H_{34}O_2 + 2H_2O \tag{4-5}$$

如式（4-1）所示，当 $ZnSO_4$ 溶解在去离子水中时，会产生

Zn^{2+} 离子，然后 Zn^{2+} 会与油酸钠反应生成白色胶体状的油酸锌溶液，如式(4-2)所示，而不是与 Fe^{3+} 离子反应直接形成铁酸锌的前驱体，主要是因为 $Fe(OH)_3$ 的溶度积值更大，更易形成沉淀。当 $FeCl_3$ 加入后，形成了 Fe^{3+} 离子，在调节 pH 的过程逐渐形成 $Fe(OH)_3$ 胶体，如式(4-3)和(4-4)。在水热过程中，所形成的油酸锌和 $Fe(OH)_3$ 胶体在热和高压的作用下逐渐分解并相互反应生成 $ZnFe_2O_4$。初期形成的 $ZnFe_2O_4$ 周围被油酸所包围，油酸与铁酸锌中的 Zn 离子之间有相互作用，可选择性地吸附，且相互之间有空间位阻效应，如图 4-11 所示，最终形成了尺寸在 10 nm 左右具有八面体形貌的 $ZnFe_2O_4$ 样品。

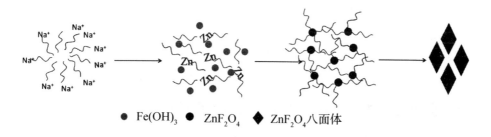

● Fe(OH)₃　● ZnF₂O₄　◆ ZnF₂O₄ 八面体

图 4-11　最有可能的八面体 $ZnFe_2O_4$ 的形成机理示意图

半导体的光学吸收性能与该半导体的电子结构特征有关，被认为是一个对于光催化活性非常关键的影响因素[74]。所合成的八面体 $ZnFe_2O_4$ 的光学吸收性能在 UV-vis 漫反射谱上进行了测量，如图 4-12 所示。从图中可以看出，所合成的八面体 $ZnFe_2O_4$ 表现出对紫外光到可见光一直延伸到 700 nm 的波谱段的吸收能力，这也暗示，所合成的材料在可见光照射下也许具有很高的光催化性能。

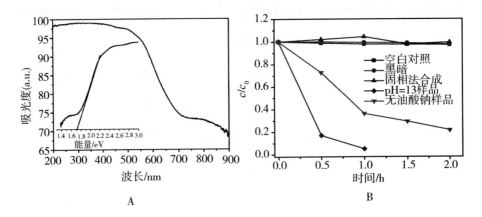

图4-12 所合成的样品的漫反射谱(A)和可见光下 ZnFe₂O₄八面体光催化降解模拟污染物 RhB 的性能表征(B)

据报道，光催化剂的光催化活性受暴露活性晶面[206]、样品的结晶性[207]、晶粒尺寸[208]等影响。在本工作中，由于油酸钠作为一个保护剂起到了空间位阻和选择性吸附的作用，使得我们得到了晶粒尺寸为 10 nm，且具有八面体形貌的 ZnFe₂O₄。所带来的纳米效应也许对样品光催化性能的提升有帮助，至少相对于固相反应法合成的样品来说会具有较高的光催化活性。为了证实所合成的纳米尺寸的 ZnFe₂O₄八面体具有更高的光催化活性，样品的光催化活性通过在 500 W 氙灯下降解模拟污染物 RhB 来进行表征，如图4-12B 所示。从图中的对比实验可以看出，当仅有 RhB 没有光催化剂的时候，在大于 420 nm 可见光的照射下，RhB 的浓度下降极其缓慢。在存在光催化剂不加光源的情况下，跟仅有 RhB 相似，RhB 浓度下降很慢。相反，在存在八面体 ZnFe₂O₄纳米晶的情况下，在氙灯照射下 1 h 内可降解超过 90% 的 RhB 染料，这个光催化活性高于没有添加油酸钠情况下合成的 $ZnFe_2O_4$ 样品，这说明样品的八面体形貌对于光催化性能的提升具有重要的影响。同时对比固相反应法所合成的 $ZnFe_2O_4$ 样品，八面体 $ZnFe_2O_4$ 纳米晶的光催化活性远远高于固相反应法合成的样品，这说明纳米尺寸效应所带来的光催化性能的提升比重更大。另外，我们发现，将合成的样品在空气气氛下 700 ℃ 热处理 2 h，所得样品的光催化性能完全消失，尽管其结晶性进一步提高，主要是因为较大的晶粒尺寸阻碍了光生载流子的迁移和传输，更多地在内部复合，另一方面是因为表面的活性位大幅减少，也对光催化性能的提升不利。

　　所合成的八面体 $ZnFe_2O_4$ 的磁滞回线（$M - H$ loop），在室温下（300 K）进行了测量，如图 4 - 13A 所示。从图中我们可以看出样品的矫顽磁力和剩余磁感应强度分别为 0.08 Oe 和 0.06 emu/g，说明样品具有超顺磁性的特征，这个特征仅出现在晶体颗粒尺寸低于阈值的时候[209]，在这里，所合成的样品的尺寸降至 10 nm，低于阈值，使得样品表现出了超顺磁现象。当将样品经过 700 ℃ 热处理 2 h 后，所得到的样品的磁滞回线消失，一直到 50 kOe，都表现出非常好的线性关系，样品的超顺磁性消失，仅表现出顺磁性，如图 4 - 14 所示，主要是由于颗粒尺寸变大造成。通常来说，在空气气氛下热处理会导致空气中的氧分子占据样品的晶格氧空位，导致样品磁矩的减少[210]，超顺磁性消失。另外，所合成的样品可以在磁场下可完全分离，如图 4-13B 所示。但热处理后的样品磁性减弱甚至消失，不能很好地被分离，这说明烧结对光催化剂的回收不利。所合成的样品具有很好的光催化活性、良好的回收性能，这将给光催化技术的实际应用带来希望。

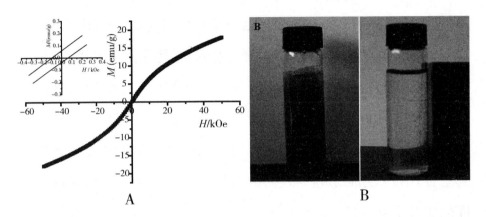

图 4-13 A. 室温下 ZnFe$_2$O$_4$八面体的 **M-H** 曲线；**B.** 所合成样品在水中分散的情况和加入磁场后的分离效果图

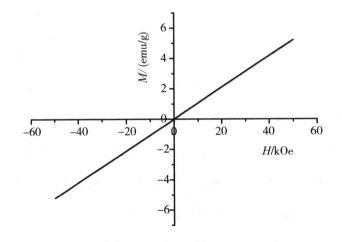

图 4-14 八面体 ZnFe$_2$O$_4$经热处理后的磁滞回线

4.4.3　结论

在油酸钠的辅助作用下，通过水热法成功地合成了尺寸在 10 nm 左右的磁性 $ZnFe_2O_4$ 八面体。根据实验现象的观察和分析，提出八面体 $ZnFe_2O_4$ 纳米晶的形成主要是油酸钠的选择性吸附和空间位阻效应作用的结果。紫外 – 可见光谱仪的表征表明，所合成的样品吸收光谱范围延伸至 700 nm，经计算其禁带宽度为 1.7 eV。$ZnFe_2O_4$ 在模拟太阳光下对 RhB 表现出较好的光催化性能。对比固相合成法合成的样品和不添加油酸钠合成的样品的光催化活性，由（111）晶面组成的八面体 $ZnFe_2O_4$ 具有更高的活性，光催化性能的提升应该得益于其纳米级别的尺寸和活性较高的晶面。另外，样品的尺寸低于 $ZnFe_2O_4$ 的阈值，表现出超顺磁性，在磁场作用下，可在 5 min 内彻底分离，对于污水处理显示出很大的潜力。

4.5　本章小结

在本章中，为了实现可见光响应光催化剂迅速分离的目标，我们通过电纺丝的方法使光催化剂尽量形成可自支撑的膜，研究磁性光催化剂的方法来提高光催化剂的分离效率，为光催化剂的实际应用奠定基础。

首先在前一章研究 Bi_2MoO_6 的基础上，尝试使用电纺丝方法首次合成了三元化学物 Bi_2MoO_6 光催化剂，此方法合成的样品的形貌和物相强烈地依赖后期热处理的温度。随着热处理温度从 350 ℃ 升高到 500 ℃，Bi_2MoO_6 物相的结晶性逐渐增强，且在 450 ℃ 时物相开始发生转变，但主要物相仍未改变，待热处理温度升高到 500 ℃ 时，物相完全转变为另一正交晶相的 Bi_2MoO_6。在温度升高的过程中，Bi_2MoO_6 光催化剂的形貌也发生了改变，由细纤维变为粗纤维继而变为多孔纤维，最后在 500 ℃ 的热处理温度下，变为短棒。该催化剂的截止吸收波长在 500 nm，在模拟太阳光下，对 RhB 和 MB 都表现出很好的光催化降解性能，且由于其很大的纵向尺寸，在水溶液中可快速沉降，具有非常好的分离效果。同时，该方法具有一定的普适性，可推广到其他 Bi 基材料上，比如 Bi_2WO_6。与 Bi_2MoO_6 类似，所合成 Bi_2WO_6 样品的形貌对温度具有一定的敏感性。与 Bi_2MoO_6 纤维不同的是，Bi_2WO_6 样品的物相并没有随着热处理温度的升高而发生改变，只是结晶性不断提高，样品的形貌由光滑均一的纤维转变为粗纤维继而转变为更粗的纤维，最后转变为多孔纤维，没有烧结为短棒。通过热分析也确认，350 ℃ 下热处理的 Bi_2WO_6 纤维的表面残留有有机物，造成了 XRD 的峰强较弱，而 350 ℃ 下热处理的 Bi_2MoO_6 纤维的表面无有机物残留，XRD 峰强低主要还是结晶性差的原因。所合成的 Bi_2WO_6 也表现出良好的光催化降解和光催化剂分离的能力，对光催化剂的实际应用具有一定的指导作用。

另外，我们还利用磁性材料可以在磁场下迅速分离这个特点，合成了具有磁性的 $ZnFe_2O_4$。利用柠檬酸的羧基具有很强的螯合能力，使得合成的 $ZnFe_2O_4$ 具有八面体形貌且对可见光响应较强。结果表明水热反应温度、时间、pH、柠檬酸钠用量等制备条件对八面体 $ZnFe_2O_4$ 光催化降解 RhB 具有很大的影响。最佳水热反应温度为 180 ℃，最佳水热反应时间为 15 h。随着前驱体 pH 的增加，光催化降解活性会逐渐增强。柠檬酸钠的最佳用量为 0.5 mmol，柠檬酸钠用量进一步增加导致光催化活性的急剧降低。

通过引入油酸钠这一螯合剂，利用油酸钠对金属离子强烈的螯合力以及其超长疏水链的空间位阻效应，使得合成的 $ZnFe_2O_4$ 样品具有纳米级的尺寸和八面体的形貌。对样品的光谱表征表明，所合成的样品可以利用直到 700 nm 的可见光，且在模拟太阳光下对 RhB 表现出较好的光催化性能。相比于固相合成法合成的样品和不添加油酸钠合成的样品，由 (111) 晶面组成的八面体 $ZnFe_2O_4$ 的纳米级别的尺寸和较高活性的晶面使得其光催化活性大幅提升。另外，样品的尺寸在纳米级别，低于阈值，表现出超顺磁性，在磁场作用下，可在 5 min 内彻底分离，磁场一旦去除，催化剂很快分散，在污水处理领域显示出很大的应用潜力。

第五章　全文总结与展望

　　光催化技术可利用太阳光实现有机污染物的深度降解，且无选择性和二次污染，成为人们比较认可且被寄予厚望的新型污水处理技术，时至今日，关于光催化剂的设计、反应器的设计、光催化效率和光催化剂的分离回收的研究已经达到一定的深度，取得很多的共识。但现今所知道的光催化剂的光催化效率、对太阳能的利用率和光催化剂的分离效率还无法满足光催化技术产业化的要求。本研究以提升光催化剂的光催化效率、对太阳能的利用率和光催化剂的分离效率为目的，通过设计同质结来提高光生载流子的分离效率，通过使用波长范围窄、发光效率高的 LED 灯作为激发光源提高光能的利用率，通过复合上转换发光材料来拓宽光催化剂对太阳光能的响应范围，通过使用电纺丝技术和研究磁性材料来研究光催化剂的分离问题。所得到的结果具体如下。

　　（1）设计 $\alpha-Bi_2O_3/\gamma-Bi_2O_3$ 同质结来提高光生载流子的分离效率并通过水热的方法成功地合成了 $\alpha-Bi_2O_3/\gamma-Bi_2O_3$ 复合相，

研究发现同质结的形成可以有效地提高 $\alpha - Bi_2O_3 / \gamma - Bi_2O_3$ 复合相的光催化效率。XRD 和 FTIR 表征表明所合成的样品为复合相，两个物相分别为 $\alpha - Bi_2O_3$ 和 $\gamma - Bi_2O_3$，SEM 和 TEM 以及 HRTEM 表征证实所合成的复合相为点片状结构，颗粒状 $\gamma - Bi_2O_3$ 从片状 $\alpha - Bi_2O_3$ 中长出，结合紧密，具有形成同质结的潜质。对样品的吸收光谱和阻抗谱分析得知，复合相内部确实形成了同质结。样品的漫反射谱和光电流表征说明相对于纯的 $\alpha - Bi_2O_3$ 或者 $\gamma - Bi_2O_3$，同质结的形成可提高样品的光吸收能力和光电流，大幅提升了光生载流子的分离效应。在大于 420 nm 的可见光照射下，复合相表现出高出纯相 $\alpha - Bi_2O_3$ 或者 $\gamma - Bi_2O_3$ 2 倍的光催化效率，循环使用 5 轮后，样品的 XRD 与使用前并没有明显变化，复合相之间的相互作用可以抑制物相的转变。Bi_2O_3 的光催化效率受表面性质影响较大，当样品表面为酸性时，对 RhB 的降解性能大幅提高，当样品表面为碱性时，对 RhB 的降解速度没有太大提高。

（2）水热法合成了片状 Bi_2MoO_6，研究表明所合成的 Bi_2MoO_6 样品在 3 W 蓝光 LED 灯下表现出很好的光催化降解 RhB 和苯酚的性能，可在 60 min 和 5 h 内分别将 RhB 和苯酚降解，循环使用 15 h 后，Bi_2MoO_6 光催化剂的 XRD 和 SEM 表明，样品并没有发生物相和形貌的变化，光催化剂表现出非常好的光化学稳定性。并与 H_2O_2 之间显示出很强的协同效应，H_2O_2 的最佳比例为 1‰，在最佳比例下，2 min 即可将 RhB 降解完全。在光催化降解过程中，分别加入羟基自由基捕获剂 TBA 和空穴捕获剂 EDTA 研究光催化过程的活性物种发现，对于 RhB 的降解，空穴和·OH 共同起作用，且空穴更容易与 RhB 发生氧化反应；对于苯酚来说，·OH 和·O_2^- 共同起作用，通过对其禁带宽度的计算和导带价带位置的分析，可以得知·OH 主要是由光生电子和 H_2O_2 的反应生成，而·O_2^- 主要由光生电子和 O_2 反应生成。对光催化过程中 Bi_2MoO_6 催化剂表面产生的·OH 浓度的表征更证实了·OH 的重要作用。对蓝光 LED 灯下光催化性能的研究对于室内光催化的发展具有很大的意义。

　　（3）采用两步法合成了具有核壳结构的 $NaYF_4$：Yb，Er/Bi_2MoO_6 高效光催化剂，研究结果表明上转换发光材料可以提升 Bi_2MoO_6 的光催化性能，尤其是在低能量光源下。通过 XRD、TEM、HRTEM、EDS 和 DRS 表征确认所合成的复合物是核为 $NaYF_4$：Yb，Er，壳为 Bi_2MoO_6 的复合材料。在模拟太阳光、绿光 LED 和红光 LED 照射下，对 RhB 均表现出很好的光催化降解性能。对比不同比例样品的光催化活性，发现两者的最佳比例为 1∶4。通过对 $NaYF_4$：Yb，Er/Bi_2MoO_6 复合相、$NaYF_4$：Yb，Er 和 Bi_2MoO_6 简单混合相以及纯的 Bi_2MoO_6 的光催化降解性能、PL 谱和表面羟基自由基浓度的分析可以得知，核壳结构有利于提高 Bi_2MoO_6 对 $NaYF_4$：Yb，Er 所发出的光的利用率，复合相中的 $NaYF_4$：Er，Yb 作为上转换发光材料可以将红外光和低能量的可见光转化为可以激发 Bi_2MoO_6 波长的光，从而提高了 Bi_2MoO_6 的光催化性能。

（4）采用电纺丝方法首次合成了三元化合物 Bi_2MO_6（M = Mo，W）光催化剂，此方法合成的样品的形貌和物相受后期热处理的温度的影响较大。随着热处理温度从 350 ℃升高到 500 ℃，Bi_2MoO_6 物相的结晶性逐渐增强，物相逐渐发生转变，待热处理温度升高到 500 ℃时，物相完全转变为另一正交晶相的 Bi_2MoO_6，形貌则由细纤维变为粗纤维继而变为多孔纤维，最后在 500 ℃的热处理温度下，变为短棒。与 Bi_2MoO_6 纤维不同的是，随着热处理温度的升高，Bi_2WO_6 的物相不发生改变，样品的形貌由光滑均一的纤维转变为粗纤维继而转变为更粗的纤维，最后转变为多孔纤维。在模拟太阳光下所合成的 Bi_2MO_6（M = Mo，W）对 RhB 和 MB 都表现出良好的光催化降解性能，由于其很大的纵向尺寸，在水溶液中可快速沉降，具有良好的分离效果，对光催化剂的实际应用具有一定的指导作用。

（5）采用水热法合成了 $ZnFe_2O_4$ 八面体，研究结果表明晶面对光催化性能有较大影响。通过引入油酸钠这一螯合剂，利用油酸钠对金属离子强烈的螯合力以及其超长疏水链的空间位阻效应，使得合成的 $ZnFe_2O_4$ 样品具有纳米级的尺寸和八面体的形貌。对样品的光谱表征表明，所合成的样品可以利用直到 700 nm 的可见光，且在模拟太阳光下对 RhB 表现出较好的光催化性能。相比于固相合成法合成的样品和不添加油酸钠合成的样品，由（111）晶面组成的八面体 $ZnFe_2O_4$ 的纳米级别的尺寸和较高活性的晶面使得其光催化活性大幅提升。另外，样品的尺寸在纳米级别，低于阈值，表现出超顺磁性，在磁场作用下，可在 5 min 内彻底分离，磁场一旦去除，催化剂很快分散，在污水处理领域显示出很大的应用潜力。

虽然针对光催化技术的研究已经取得了长足的进步，但要实现光催化技术产业化还需加强以下几个方面的研究。

(1)加强反应机理的研究。光催化机理一直沿用最初的半导体能带理论，这一理论已经被普遍接受，但不是所有的实验结果都能完全用这一理论给出清楚的解释，当前无明显根据的解释时有出现。比如，最近的研究发现一些有机高聚物也具有光催化性能，作为有机物，其催化机理很难从半导体的理论上去认识。因此，应该寻求从分子水平上去了解光催化的本质，加强光催化动力学，特别是反应中间体测定的研究，另一方面要加强光照下发生在催化剂表面的微观物理和化学过程的原位测定手段的使用和开发，并通过对机理的认识来进一步指导高效光催化剂的合成。

(2)加强对具有高量子效率的光催化剂的开发。到目前为止，光催化材料光生电子和空穴的复合效率依然很高，量子效率还无法达到工业化的要求，因此需要加强对具有高量子效率的光催化剂的开发力度，尤其是在太阳光下即具有很高量子效率的光催化技术的研发。

(3)加大对高太阳光能利用率的光催化剂的开发力度。光催化技术最大的优势就是可以利用太阳光，因此光催化技术要走向工业化，要在太阳光下使用，开发高效利用太阳光能的光催化剂是必行之路。

(4)强化光催化技术工程化的研究。目前的光催化研究大多处于实验室水平，缺乏工业化测试的反应设备，尤其是设计合理的光催化反应设备。比如如何在光催化过程中让光催化剂得到更多更强的太阳光，如何设计反应器更加有利于测量和提高光催化效率，如何设计光源使得光源距离光催化剂更近等等。目前实验室还处于摸索前进的阶段，没有一个专业的团队去开发和设计，尤其是小型试验设备。

(5)加速光催化活性表征标准规范的出台。文献中报道的光催化性能测试所使用的反应器的规格和形状、光源的光强、波长、反应器离光源的距离、测试加入光催化剂的量、模拟污染物的浓度、测试溶液(或者气体)的体积、取样的方法和测试的方法等等测试参数没有统一的规范，各个数据间没有很强的可对比性，人们无法判断哪一个光催化剂的光催化活性最高，没有一个特定的努力方向，这对光催化技术的发展无疑会形成阻力。

参考文献

[1] Fujihira, M. ; Satoh, Y. ; Osa, T. Heterogeneous photo-catalytic oxidation of aromatic – compounds on TiO_2 [J]. Nature. 1981, 293(5829): 206 –208.

[2] Zhang, S. C. ; Zhang, C. A. ; Man, Y. ; Zhu, Y. F. Visible-light – driven photocatalyst of Bi_2WO_6 nanoparticles prepared via amorphous complex precursor and photocatalytic properties [J]. J Solid State Chem. 2006, 179(1): 62 –69.

[3] Linsebigler, A. L. ; Lu, G. Q. ; Yates, J. T. Photocatalysis on TiO_2 surfaces: principles, mechanisms, and selected results [J]. Chem Rev. 1995, 95(3): 735 –758.

[4] Carp, O. ; Huisman, C. L. ; Reller, A. Photoinduced re-activity of titanium dioxide [J]. Prog Solid State Ch. 2004, 32(1 –2): 33 –177.

[5] 赖康荣, 孙毅, 崔秀花, 陈惠敏. 铋基半导体光催化材

料的研究进展[J]. 新疆大学学报(自然科学版). 2013, 30(4):
431 –438.

[6] Hougaard, A. B. ; Arneborg, N. ; Andersen, M. L. ; Skibsted, L. H. ESR spin trapping for characterization of radical formation in Lactobacillus acidophilus NCFM and Listeria innocua[J]. J Microbiol Meth. 2013, 94(3): 205 –212.

[7] Ishibashi, K. ; Fujishima, A. ; Watanabe, T. ; Hashimoto, K. Detection of active oxidative species in TiO_2 photocatalysis using the fluorescence technique[J]. Electrochem Commun. 2000, 2(3): 207 –210.

[8] Morelli, R. ; Bellobono, I. R. ; Chiodaroli, C. M. ; Alborghetti, S. EPR spin – trapping of hydroxyl radicals onto photocatalytic membranes immobilizing titanium dioxide, and spin adduct competition, as a probe of reactivity with aqueous organic micropollutants [J]. J Photoch Photobio A. 1998, 112(2 –3): 271 –276.

[9] Xiang, Q. J. ; Yu, J. G. ; Wong, P. K. Quantitative characterization of hydroxyl radicals produced by various photocatalysts [J]. J Colloid Interf Sci. 2011, 357(1): 163 –167.

[10] Imanishi, A. ; Okamura, T. ; Ohashi, N. ; Nakamura, R. ; Nakato, Y. Mechanism of water photooxidation reaction at atomically flat TiO_2(rutile) (110) and (100) surfaces: dependence on solution pH[J]. J Am Chem Soc. 2007, 129(37): 11569 –11578.

[11] Yin, W. Z. ; Wang, W. Z. ; Shang, M. ; Zhang, L. ; Ren, J. Preparation of monoclinic scheelite $BiVO_4$ photocatalyst by an ultrasound – assisted solvent substitution method[J]. Chem Lett. 2009, 38(5): 422 – 423.

[12] Fujishima, A. ; Zhang, X. T. ; Tryk, D. A. TiO_2 photocatalysis and related surface phenomena [J]. Surf Sci Rep. 2008, 63 (12): 515 – 582.

[13] Chen, C. C. ; Zhao, W. ; Lei, P. X. ; Zhao, J. C. ; Serponer, N. Photosensitized degradation of dyes in polyoxometalate solutions versus TiO_2 dispersions under visible – light irradiation: Mechanistic implications [J]. Chem – Eur J. 2004, 10 (8): 1956 – 1965.

[14] Fu, H. B. ; Zhang, L. W. ; Zhang, S. C. ; Zhu, Y. F. ; Zhao, J. C. Electron spin resonance spin – trapping detection of radical intermediates in N – doped TiO_2 – assisted photodegradation of 4 – chlorophenol[J]. J Phys Chem B. 2006, 110(7): 3061 – 3065.

[15] Nosaka, Y. ; Daimon, T. ; Nosaka, A. Y. ; Murakami, Y. Singlet oxygen formation in photocatalytic TiO_2 aqueous suspension [J]. Phys Chem Chem Phys. 2004, 6(11): 2917 – 2918.

[16] Daimon, T. ; Hirakawa, T. ; Nosaka, Y. Monitoring the formation and decay of singlet molecular oxygen in TiO_2 photocatalytic systems and the reaction with organic molecules[J]. Electrochemis-

try. 2008, 76(2): 136 – 139.

[17] Daimon, T. ; Nosaka, Y. Formation and behavior of singlet molecular oxygen in TiO$_2$ photocatalysis studied by detection of near – infrared phosphorescence [J] . J Phys Chem C. 2007, 111 (11): 4420 – 4424.

[18] Oya, Y. ; Yamamoto, K. ; Tonomura, A. The mechanism of the clastogenic and mutagenic actions of hydrogen – peroxide-analysis by scavengers of active oxygen species [J] . Mutat Res. 1984, 130 (5): 377 – 377.

[19] Timoshenko, A. V. ; Cherenkevich, S. N. Inhibitory influence of the scavengers of active oxygen species on the endocytosis of concanavalin – a by lymphocytes [J] . Biofizika. 1987, 32 (3): 434 – 437.

[20] Weber, V. ; Coudert, P. ; Duroux, E. ; Leal, F. ; Couquelet, J. ; Madesclaire, M. Synthesis and in vitro studies of pyrone derivatives as scavengers of active oxygen species [J] . Arzneimit-tel-Forsch. 2001, 51(11): 877 – 884.

[21] Cunningham, J. ; Srijaranai, S. Isotope – effect evidence for hydroxyl radical involvement in alcohol photo – oxidation sensitized by TiO$_2$ in aqueous suspension [J] . J Photoch Photobio A. 1988, 43 (3): 329 – 335.

[22] Li, Y. X. ; Jiang, Y. A. ; Peng, S. Q. ; Jiang, F. Y.

Nitrogen – doped TiO$_2$ modified with NH$_4$F for efficient photocatalytic degradation of formaldehyde under blue light – emitting diodes[J]. J Hazard Mater. 2010, 182(1 – 3): 90 – 96.

[23] Higashimoto, S.; Tanihata, W.; Nakagawa, Y.; Azuma, M.; Ohue, H.; Sakata, Y. Effective photocatalytic decomposition of VOC under visible – light irradiation on N – doped TiO$_2$ modified by vanadium species[J]. Appl Catal a – Gen. 2008, 340(1): 98 – 104.

[24] Taoda, H.; Fukaya, M.; Watanabe, E.; Tanaka, K. VOC decomposition by photocatalytic wall paper[J]. Eco – Materials Processing & Design Vii. 2006, 510 – 511: 22 – 25.

[25] Augugliaro, V.; Coluccia, S.; Loddo, V.; Marchese, L.; Martra, C.; Palmisano, L.; Pantaleone, M.; Schiavello, M. Voc's abatement: Photocatalytic oxidation of toluene in vapour phase on anatase TiO$_2$ catalyst[C]. 3rd World Congress on Oxidation Catalysis. 1997, 110: 663 – 672.

[26] Yin, S.; Liu, B.; Zhang, P. L.; Morikawa, T.; Yamanaka, K.; Sato, T. Photocatalytic oxidation of NO$_x$ under visible LED light irradiation over nitrogen – doped titania particles with iron or platinum loading [J]. J Phys Chem C. 2008, 112(32): 12425 – 12431.

[27] Shang, J.; Xu, Z. L.; Du, Y. G.; Guo, H. C. Studies

on photocatalytic oxidation reaction of SO$_2$ over TiO$_2$[J]. Chem J Chinese U. 2000, 21(8): 1299 – 1300.

[28] Zhang, W.; Wang, X. X.; Fu, X. Z. Magnetic field effect on photocatalytic degradation of benzene over Pt/TiO$_2$[J]. Chem Commun. 2003, 17: 2196 – 2197.

[29] Carey, J. H.; Lawrence, J.; Tosine, H. M. Photo – dechlorination of pcbs in presence of titanium – dioxide in aqueous suspensions[J]. B Environ Contam Tox. 1976, 16(6): 697 – 701.

[30] Matsunaga, T.; Tomoda, R.; Nakajima, T.; Wake, H. Photoelectrochemical sterilization of mcrobial – cells by semiconductor powders[J]. Fems Microbiol Lett. 1985, 29(1 – 2): 211 – 214.

[31] Ireland, J. C.; Klostermann, P.; Rice, E. W.; Clark, R. M. Inactivation of escherichia – coli by titanium – dioxide photocatalytic oxidation[J]. Appl Environ Microb. 1993, 59(5): 1668 – 1670.

[32] Sharma, B. K.; Vardia, J.; Rao, P.; Ameta, S. C. Photocatalytic formation of formic acid and formaldehyde from carbon dioxide in the presence of neutral red coated titanium dioxide[J]. Hung J Ind Chem. 1998, 26(1): 1 – 5.

[33] Qin, G. H.; Zhang, Y.; Ke, X. B.; Tong, X. L.; Sun, Z.; Liang, M.; Xue, S. Photocatalytic reduction of carbon dioxide to formic acid, formaldehyde, and methanol using dye – sensitized TiO$_2$ film[J]. Appl Catal B – Environ. 2013, 129: 599 – 605.

[34]刘守新,刘鸿,光催化及光电催化基础和应用[M].北京:化学工业出版社,2006:7.

[35] Zhong, X. ; Sun, J. ; Liu, S. X. Preparation of visible light response pt – doped La_2O_3/TiO_2 and thermo – photocatalytic degradation of toluene[J]. J Inorg Mater. 2011, 26(11): 1175 – 1180.

[36]Wu, S. X. ; Ma, Z. ; Qin, Y. N. ; Qi, X. Z. ; Liang, Z. C. Photocatalytic redox activity of doped nanocrystalline TiO_2 [J]. Acta Phys – Chim Sin. 2004, 20(2): 138 – 143.

[37] Martin, S. T. ; Morrison, C. L. ; Hoffmann, M. R. Photochemical mechanism of size – quantized vanadium – doped TiO_2 particles[J]. J Phys Chem – Us. 1994, 98(51): 13695 – 13704.

[38] Zhang, Y. H. ; Ebbinghaus, S. G. ; Weidenkaff, A. ; Kurz, T. ; von Nidda, H. A. K. ; Klar, P. J. ; Gungerich, M. ; Reller, A. Controlled iron – doping of macrotextured nanocrystalline titania[J]. Chem Mater. 2003, 15(21): 4028 – 4033.

[39]Renteria, M. ; Errico, L. A. ; Weissmann, M. Theoretical study of magnetism in transition – metal – doped TiO_2 and TiO_2 – delta[J]. Phys Rev B. 2005, 72(18): 4425.

[40] Yanagisawa, M. ; Uchida, S. ; Sato, T. Synthesis and photochemical properties of Cu^{2+} doped layered hydrogen titanate[J]. Int J Inorg Mater. 2000, 2(4): 339 – 346.

[41]Xie, Y. B. ; Li, P. ; Yuan, C. W. Visible – light excitat-

ed photocatalytic activity of rare earth metal – Ion – doped titania[J]. J Rare Earth. 2002, 20(6): 619 –625.

[42] Wang, Y. M. ; Liu, S. W. ; Lu, M. K. ; Wang, S. F. ; Gu, F. ; Gai, X. Z. ; Cui, X. P. ; Pan, J. Preparation and photocatalytic properties of Zr^{4+} – doped TiO_2 nanocrystals[J]. J Mol Catal a-Chem. 2004, 215(1 –2): 137 –142.

[43] Lu, Y. J. ; Shi, K. Y. ; Guo, X. Z. ; Chen, H. J. ; Zhang, C. ; He, S. J. ; Du, Z. J. ; Zhang, B. L. Preparation and characterization of Sr – doped TiO_2 nanocrystal microspheres[J]. Chem J Chinese U. 2006, 27(2): 346 –348.

[44] Rengaraj, S. ; Li, X. Z. ; Tanner, P. A. ; Pan, Z. F. ; Pang, G. K. H. Photocatalytic degradation of methylparathion-An endocrine disruptor by Bi^{3+} – doped TiO_2[J]. J Mol Catal a – Chem. 2006, 247(1 –2): 36 –43.

[45] Kaspar, T. C. ; Droubay, T. ; Shutthanandan, V. ; Heald, S. M. ; Wang, C. M. ; McCready, D. E. ; Thevuthasan, S. ; Bryan, J. D. ; Gamelin, D. R. ; Kellock, A. J. ; Toney, M. F. ; Hong, X. ; Ahn, C. H. ; Chambers, S. A. Ferromagnetism and structure of epitaxial Cr – doped anatase TiO_2 thin films[J]. Phys Rev B. 2006, 73(15).

[46] Chen, S. Z. ; Zhang, P. Y. ; Zhuang, D. M. ; Zhu, W. P. Investigation of nitrogen doped TiO_2 photocatalytic films prepared

by reactive magnetron sputtering[J]. Catal Commun. 2004, 5 (11):
677 – 680.

[47]Wong, M. S.; Hsu, S. W.; Rao, K. K.; Kumar, C. P.
Influence of crystallinity and carbon content on visible light photocatalysis of carbon doped titania thin films[J]. J Mol Catal a – Chem. 2008,
279(1): 20 – 26.

[48]Li, D.; Haneda, H.; Hishita, S.; Ohashi, N. Visible-light – driven N – F – codoped TiO$_2$ photocatalysts. 1. Synthesis by
spray pyrolysis and surface characterization[J]. Chem Mater. 2005, 17
(10): 2588 – 2595.

[49]Lu, N.; Quan, X.; Li, J. Y.; Chen, S.; Yu, H. T.;
Chen, G. H. Fabrication of boron – doped TiO$_2$ nanotube array electrode and investigation of its photoelectrochemical capability[J]. J Phys
Chem C. 2007, 111(32): 11836 – 11842.

[50]Li, H. X.; Li, G. S.; Zhu, J.; Wan, Y. Preparation of
an active SO$_4^{2-}$/TiO$_2$ photocatalyst for phenol degradation under supercritical conditions [J]. J Mol Catal a – Chem. 2005, 226 (1):
93 – 100.

[51] Li, H. X.; Zhang, X. Y.; Huo, Y. N.; Zhu, J. Supercritical preparation of a highly active S – doped TiO$_2$ photocatalyst
for methylene blue mineralization[J]. Environ Sci Technol. 2007, 41
(12): 4410 – 4414.

［52］Ozaki, H. ; Iwamoto, S. ; Inoue, M. Marked promotive effect of iron on visible – light – induced photocatalytic activities of nitrogen – and silicon – codoped titanias［J］. J Phys Chem C. 2007, 111 (45): 17061 – 17066.

［53］Sato, S. Photocatalytic activity of NO_x – doped TiO_2 in the visible – light region ［ J ］. Chem Phys Lett. 1986, 123 (1 – 2): 126 – 128.

［54］Asahi, R. ; Morikawa, T. ; Ohwaki, T. ; Aoki, K. ; Taga, Y. Visible – light photocatalysis in nitrogen – doped titanium oxides［J］. Science. 2001, 293(5528): 269 – 271.

［55］Tazlaoanu, C. ; Ion, L. ; Socol, G. ; Socol, M. ; Mihailescu, I. N. ; Stanculescu, F. ; Enculescu, I. ; Ionescu, F. ; Magherusan, L. ; Antohe, S. Photosensitization of ZnO nanostructured thin films with organic dyes［J］. J Optoelectron Adv M. 2007, 9 (5): 1342 – 1346.

［56］Li, Y. X. ; Guo, M. M. ; Peng, S. Q. ; Lu, G. X. ; Li, S. B. Formation of multilayer – Eosin Y – sensitized $TiO(_2)$ via $Fe(^{3+})$ coupling for efficient visible – light photocatalytic hydrogen evolution ［J］. Int J Hydrogen Energ. 2009, 34(14): 5629 – 5636.

［57］Yang, G. C. C. ; Chan, S. W. Photocatalytic reduction of chromium(Ⅵ) in aqueous solution using dye – sensitized nanoscale ZnO under visible light irradiation［J］. J Nanopart Res. 2009, 11(1):

221 – 230.

[58] Li, Q. Y.; Jin, Z. L.; Peng, Z. G.; Li, Y. X.; Li, S. B.; Lu, G. X. High – efficient photocatalytic hydrogen evolution on eosin Y – sensitized Ti – MCM41 zeolite under visible – light irradiation [J]. J Phys Chem C. 2007, 111(23): 8237 – 8241.

[59] Chen, D. M.; Yang, D.; Geng, J. Q.; Zhu, J. H.; Jiang, Z. Y. Improving visible – light photocatalytic activity of N – doped TiO_2 nanoparticles via sensitization by Zn porphyrin[J]. Appl Surf Sci. 2008, 255(5): 2879 – 2884.

[60] Kudo, A.; Omori, K.; Kato, H. A novel aqueous process for preparation of crystal form – controlled and highly crystal-line $BiVO_4$ powder from layered vanadates at room temperature and its photocatalytic and photophysical properties[J]. J Am Chem Soc. 1999, 121(49): 11459 – 11467.

[61] Wang, W. Z.; Zhou, L.; Zhang, L. S. Ultrasonic – as-sisted synthesis of visible – light – induced Bi_2MO_6 (M = W, Mo) photocatalysts [J]. J Mol Catal a – Chem. 2007, 268 (1 – 2): 195 – 200.

[62] Zhang, L. S.; Wang, W. Z.; Chen, Z. G.; Zhou, L.; Xu, H. L.; Zhu, W. Fabrication of flower – like Bi_2WO_6 superstruc-tures as high performance visible – light driven photocatalysts [J]. J Mater Chem. 2007, 17(24): 2526 – 2532.

[63] Sun, S. M. ; Wang, W. Z. ; Zhang, L. ; Shang, M. Visible light – induced photocatalytic oxidation of phenol and aqueous ammonia in flowerlike $Bi_2Fe_4O_9$ suspensions [J] . J Phys Chem C. 2009, 113(29): 12826 – 12831.

[64] Sun, S. M. ; Wang, W. Z. ; Zhang, L. ; Zhou, L. ; Yin, W. Z. ; Shang, M. Visible light – induced efficient contaminant removal by Bi_5O_7I [J] . Environ Sci Technol. 2009, 43 (6): 2005 – 2010.

[65] Zhang, L. ; Wang, W. Z. ; Zhou, L. ; Shang, M. ; Sun, S. M. Fe_3O_4 coupled BiOCl: A highly efficient magnetic photocatalyst[J]. Appl Catal B – Environ. 2009, 90(3 – 4): 458 – 462.

[66] Shang, M. ; Wang, W. Z. ; Zhang, L. Preparation of BiOBr lamellar structure with high photocatalytic activity by CTAB as Br source and template [J] . J Hazard Mater. 2009, 167 (1 – 3): 803 – 809.

[67] Tang, J. W. ; Zou, Z. G. ; Ye, J. H. Effects of substituting Sr^{2+} and Ba^{2+} for Ca^{2+} on the structural properties and photocatalytic behaviors of $CaIn_2O_4$ [J] . Chem Mater. 2004, 16(9): 1644 – 1649.

[68] Tang, J. W. ; Zou, Z. G. ; Katagiri, M. ; Kako, T. ; Ye, J. H. Photocatalytic degradation of MB on MIn_2O_4 (M = alkali earth metal) under visible light: effects of crystal and electronic struc-

ture on the photocatalytic activity [J] . Catal Today. 2004, 93 (5): 885 – 889.

[69] Tang, J. W. ; Zou, Z. G. ; Ye, J. H. Kinetics of MB degradation and effect of pH on the photocatalytic activity of MIn_2O_4 (M = Ca, Sr, Ba) under visible light irradiation [J] . Res Chem Intermediat. 2005, 31 (4 – 6): 513 – 519.

[70] Lu, G. X. ; Li, S. B. Hydrogen – Production by H_2S Photodecomposition on $ZnFe_2O_4$ Catalyst [J] . Int J Hydrogen Energ. 1992, 17 (10): 767 – 770.

[71] Zhu, Z. R. ; Li, X. Y. ; Zhao, Q. D. ; Li, H. ; Shen, Y. ; Chen, G. H. Porous "brick – like" $NiFe_2O_4$ nanocrystals loaded with Ag species towards effective degradation of toluene [J] . Chem Eng J. 2010, 165 (1): 64 – 70.

[72] Hou, X. Y. ; Feng, J. ; Xu, X. D. ; Zhang, M. L. Synthesis and characterizations of spinel $MnFe_2O_4$ nanorod by seed – hydrothermal route [J]. J Alloy Compd. 2010, 491 (1 – 2): 258 – 263.

[73] Matsumoto, Y. ; Obata, M. ; Hombo, J. Photocatalytic reduction of carbon – dioxide on p – type $CaFe_2O_4$ powder [J] . J Phys Chem – Us. 1994, 98 (11): 2950 – 2951.

[74] Tang, J. W. ; Zou, Z. G. ; Ye, J. H. Efficient photocatalytic decomposition of organic contaminants over $CaBi_2O_4$ under visible-light irradiation [J] . Angew Chem Int Edit. 2004, 43 (34):

4463 – 4466.

[75] Cates, E. L. ; Chinnapongse, S. L. ; Kim, J. H. ; Kim, J. H. Engineering light: advances in wavelength conversion materials for energy and environmental technologies [J]. Environ Sci Technol. 2012, 46(22): 12316 – 12328.

[76] Wang, J. ; Wen, F. Y. ; Zhang, Z. H. ; Zhang, X. D. ; Pan, Z. J. ; Zhang, L. ; Wang, L. ; Xu, L. ; Kang, P. L. ; Zhang, P. Degradation of dyestuff wastewater using visible light in the presence of a novel nano TiO$_2$ catalyst doped with upconversion luminescence agent[J]. J Environ Sci – China. 2005, 17(5): 727 – 730.

[77] Qu, X. S. ; Song, H. W. ; Bai, X. ; Pan, G. H. ; Dong, B. ; Zhao, H. F. ; Wang, F. ; Qin, R. F. Preparation and upconversion luminescence of three – dimensionally ordered macroporous ZrO$_2$: Er^{3+}, Yb^{3+} [J]. Inorg Chem. 2008, 47 (20): 9654 – 9659.

[78] Wang, J. ; Xie, Y. P. ; Zhang, Z. H. ; Li, J. ; Chen, X. ; Zhang, L. Q. ; Xu, R. ; Zhang, X. D. Photocatalytic degradation of organic dyes with Er^{3+}: YAlO$_3$/ZnO composite under solar light[J]. Sol Energ Mat Sol C. 2009, 93(3): 355 – 361.

[79] Stoltzfus, M. W. ; Woodward, P. M. ; Seshadri, R. ; Klepeis, J. H. ; Bursten, B. Structure and bonding in SnWO$_4$, PbWO$_4$, and BiVO$_4$: lone pairs vs inert pairs[J]. Inorg Chem. 2007,

46(10)：3839 – 3850.

[80] Li, X. Z. ; Li, F. B. Study of Au/Au^{3+} – TiO$_2$ photocatalysts toward visible photooxidation for water and wastewater treatment [J]. Environ Sci Technol. 2001, 35(11)：2381 – 2387.

[81] Loy, L. ; Wolf, E. E. Photo Induced Hydrogen Evolution from Water in the Presence of Edta and a Pt/TiO$_2$ Supported Catalyst [J]. Sol Energy. 1985, 34(6)：455 – 461.

[82] Fu, X. Z. ; Zeltner, W. A. ; Anderson, M. A. The gas – phase photocatalytic mineralization of benzene on porous titania – based catalysts[J]. Appl Catal B – Environ. 1995, 6(3)：209 – 224.

[83] Chen, T. ; Wu, G. P. ; Feng, Z. C. ; Hu, G. S. ; Su, W. G. ; Ying, P. L. ; Li, C. In situ FT – IR study of photocatalytic decomposition of formic acid to hydrogen on Pt/TiO$_2$ catalyst[J]. Chinese J Catal. 2008, 29(2)：105 – 107.

[84] Chen, T. ; Feng, Z. H. ; Wu, G. P. ; Shi, J. Y. ; Ma, G. J. ; Ying, P. L. ; Li, C. Mechanistic studies of photocatalytic reaction of methanol for hydrogen production on Pt/TiO$_2$ by in situ Fourier transform IR and time – resolved IR spectroscopy[J]. J Phys Chem C. 2007, 111(22)：8005 – 8014.

[85] Chen, T. ; Wu, G. P. ; Feng, Z. C. ; Shi, T. Y. ; Ma, G. J. ; Ying, P. L. ; Li, C. Kinetics of photogenerated electrons involved in photocatalytic reaction of methanol on Pt/TiO$_2$[J]. Chinese J

Chem Phys. 2007, 20(4): 483 – 488.

[86]Lu, W. W.; Gao, S. Y.; Wang, J. J. One – pot synthesis of ag/ZnO self – assembled 3D hollow microspheres with enhanced photocatalytic performance [J]. J Phys Chem C. 2008, 112 (43): 16792 – 16800.

[87] Novoselov, K. S.; Geim, A. K.; Morozov, S. V.; Jiang, D.; Zhang, Y.; Dubonos, S. V.; Grigorieva, I. V.; Firsov, A. A. Electric field effect in atomically thin carbon films [J]. Science. 2004, 306(5696): 666 – 669.

[88] Chae, H. K.; Siberio – Perez, D. Y.; Kim, J.; Go, Y.; Eddaoudi, M.; Matzger, A. J.; O´Keeffe, M.; Yaghi, O. M. A route to high surface area, porosity and inclusion of large molecules in crystals[J]. Nature. 2004, 427(6974): 523 – 527.

[89] Schadler, L. S.; Giannaris, S. C.; Ajayan, P. M. Load transfer in carbon nanotube epoxy composites [J]. Appl Phys Lett. 1998, 73(26): 3842 – 3844.

[90] Zhang, Y. B.; Tan, Y. W.; Stormer, H. L.; Kim, P. Experimental observation of the quantum Hall effect and Berry´s phase in graphene[J]. Nature. 2005, 438(7065): 201 – 204.

[91]Katsnelson, M. I.; Novoselov, K. S.; Geim, A. K. Chiral tunnelling and the Klein paradox in graphene[J]. Nat Phys. 2006, 2 (9): 620 – 625.

[92] Katsnelson, M. I. ; Novoselov, K. S. Graphene: New bridge between condensed matter physics and quantum electrodynamics [J]. Solid State Commun. 2007, 143(1 –2): 3 –13.

[93] Zhang, H. ; Lv, X. J. ; Li, Y. M. ; Wang, Y. ; Li, J. H. P25 – graphene composite as a high performance photocatalyst [J]. Acs Nano. 2010, 4(1): 380 –386.

[94]Liang, Y. Y. ; Wang, H. L. ; Casalongue, H. S. ; Chen, Z. ; Dai, H. J. TiO$_2$ nanocrystals grown on graphene as advanced photocatalytic hybrid materials[J]. Nano Res. 2010, 3(10): 701 –705.

[95]Ng, Y. H. ; Iwase, A. ; Kudo, A. ; Amal, R. Reducing graphene oxide on a visible – light BiVO$_4$ photocatalyst for an enhanced photoelectrochemical water splitting[J]. J Phys Chem Lett. 2010, 1 (17): 2607 –2612.

[96]于洪涛, 全燮. 纳米异质结光催化材料在环境污染控制领域的研究进展[J]. 化学进展. 2009, 21(2/3): 406 –419.

[97] Bessekhouad, Y. ; Robert, D. ; Weber, J. Bi$_2$S$_3$/TiO$_2$ and CdS/TiO$_2$ heterojunctions as an available configuration for photocatalytic degradation of organic pollutant [J]. J Photoch Photobio A. 2004, 163(3): 569 –580.

[98]Kumar, A. ; Jain, A. K. Photophysics and photochemistry of colloidal CdS – TiO$_2$ coupled semiconductors-photocatalytic oxidation of indole[J]. J Mol Catal a – Chem. 2001, 165(1 –2): 265 –273.

[99] Liu, W.; Chen, S. F.; Zhang, H. Y.; Yu, X. L. Preparation, characterisation of p - n heterojunction photocatalyst Cu-Bi_2O_4/Bi_2WO_6 and its photocatalytic activities [J]. J Exp Nanosci. 2011, 6(2): 102 - 120.

[100] Borse, P. H.; Kim, J. Y.; Lee, J. S.; Lim, K. T.; Jeong, E. D.; Bae, J. S.; Yoon, J. H.; Yu, S. M.; Kim, H. G. Ti - dopant - enhanced photocatalytic activity of a $CaFe_2O_4$/$MgFe_2O_4$ bulk heterojunction under visible - light irradiation[J]. J Korean Phys Soc. 2012, 61(1): 73 - 79.

[101] Wang, N. Y.; Yan, S. C.; Zou, Z. G. Photoreduction of CO_2 into Hydrocarbons Catalysed by $ZnGa_2O_4$/Ga_2O_3 Heterojunction [J]. Curr Org Chem. 2013, 17(21): 2454 - 2458.

[102] Zhang, F. J.; Zhu, S. F.; Xie, F. Z.; Zhang, J.; Meng, Z. D. Plate - on - plate structured Bi_2MoO_6/Bi_2WO_6 heterojunction with high - efficiently gradient charge transfer for decolorization of MB[J]. Sep Purif Technol. 2013, 113: 1 - 8.

[103] Xiao, M. W.; Wang, L. S.; Wu, Y. D.; Huang, X. J.; Dang, Z. Preparation and characterization of CdS nanoparticles decorated into titanate nanotubes and their photocatalytic properties [J]. Nanotechnology. 2008, 19(1): 1 - 7.

[104] Biswas, S.; Hossain, M. F.; Takahashi, T.; Kubota, Y.; Fujishima, A. Influence of Cd/S ratio on photocatalytic activity of

high – vacuum – annealed CdS – TiO$_2$ thin film[J]. Phys Status Solidi A. 2008, 205(8): 2028 – 2032.

[105] Shang, J.; Xie, S. D.; Liu, J. G. Progress in SnO$_2$ – TiO$_2$ composite semiconductor nanofilm[J]. Prog Chem. 2005, 17(6): 1012 – 1018.

[106] Song, C.; Dong, X. T. Synthesis and formation mechanism of NiO@ SnO$_2$@ TiO$_2$ coaxial trilayered nanocables by electrospinning technique [J]. Optoelectron Adv Mat. 2012, 6 (1 – 2): 319 – 323.

[107] Ren, J.; Wang, W. Z.; Shang, M.; Sun, S. M.; Gao, E. P. Heterostructured bismuth molybdate composite: preparation and Improved photocatalytic activity under visible – light Irradiation[J]. Acs Appl Mater Inter. 2011, 3(7): 2529 – 2533.

[108] 尹文宗. BiVO$_4$ 基可见光催化剂的合成和性能优化 [D]. 北京: 中国科学院研究生院. 2010.

[109] 韩世同, 习海玲, 史瑞雪, 付贤智, 王绪绪. 半导体光催化研究进展与展望[J]. 化学物理学报. 2003, 16(5): 339 – 349.

[110] Pecchi, G.; Reyes, P.; Sanhueza, P.; Villasenor, J. Photocatalytic degradation of pentachlorophenol on TiO$_2$ sol – gel catalysts[J]. Chemosphere. 2001, 43(2): 141 – 146.

[111] Gurunathan, K. Photocatalytic hydrogen production using

transition metal ions – doped gamma – Bi_2O_3 semiconductor particles [J]. Int J Hydrogen Energ. 2004, 29(9): 933 –940.

[112]邹文, 郝维昌, 信心, 王天民. 不同晶型 Bi_2O_3 可见光光催化降解罗丹明 B 的研究[J]. 无机化学学报. 2009, 25(11): 1971 –1976.

[113]林信平. 光催化材料的结构 – 性能关系模型、半导体复合模型及新型铋基光催化剂[D]. 北京: 中国科学院研究生院, 2008.

[114] Nowotny, M. K.; Sheppard, L. R.; Bak, T.; Nowotny, J. Defect chemistry of titanium dioxide. application of defect engineering in processing of TiO_2 – based photocatalysts[J]. J Phys Chem C. 2008, 112(14): 5275 –5300.

[115] Zhou, L.; Wang, W. Z.; Xu, H. L.; Sun, S. M.; Shang, M. Bi_2O_3 hierarchical nanostructures: controllable synthesis, growth mechanism, and their application in photocatalysis[J]. Chem-Eur J. 2009, 15(7): 1776 –1782.

[116] Sun, S. M.; Wang, W. Z.; Xu, J. H.; Wang, L.; Zhang, Z. J. Highly efficient photocatalytic oxidation of phenol over ordered mesoporous Bi_2WO_6 [J]. Appl Catal B – Environ. 2011, 106 (3 –4): 559 –564.

[117] Saison, T.; Chemin, N.; Chaneac, C.; Durupthy, O.; Ruaux, V.; Mariey, L.; Mauge, F.; Beaunier, P.; Joliv-

et, J. P. Bi$_2$O$_3$, BiVO$_4$ and Bi$_2$WO$_6$: impact of surface properties on photocatalytic activity under visible light[J]. J Phys Chem C. 2011, 115(13): 5657 – 5666.

[118] Schaub, R.; Thostrup, P.; Lopez, N.; Laegsgaard, E.; Stensgaard, I.; Norskov, J. K.; Besenbacher, F. Oxygen vacancies as active sites for water dissociation on rutile TiO$_2$(110)[J]. Phys Rev Lett. 2001, 87(26): 266104 – 1 – 4.

[119] Epling, W. S.; Peden, C. H. F.; Henderson, M. A.; Diebold, U. Evidence for oxygen adatoms on TiO$_2$(110) resulting from O$_2$ dissociation at vacancy sites [J]. Surf Sci. 1998, 412 – 13: 333 – 343.

[120] Yang, H. G.; Liu, G.; Qiao, S. Z.; Sun, C. H.; Jin, Y. G.; Smith, S. C.; Zou, J.; Cheng, H. M.; Lu, G. Q. Solvothermal synthesis and photoreactivity of anatase TiO$_2$ nanosheets with dominant (001) facets[J]. J Am Chem Soc. 2009, 131(11): 4078 – 4083.

[121]Amano, F.; Yasumoto, T.; Mahaney, O. O. P.; Uchida, S.; Shibayama, T.; Terada, Y.; Ohtani, B. Highly active titania photocatalyst particles of controlled crystal phase, size, and polyhedral shapes[J]. Top Catal. 2010, 53(7 – 10): 455 – 461.

[122] Zheng, Z. K.; Huang, B. B.; Wang, Z. Y.; Guo, M.; Qin, X. Y.; Zhang, X. Y.; Wang, P.; Dai, Y. Crystal

faces of Cu_2O and their stabilities in photocatalytic reactions [J]. J Phys Chem C. 2009, 113(32): 14448 – 14453.

[123] Li, G. R.; Hu, T.; Pan, G. L.; Yan, T. Y.; Gao, X. P.; Zhu, H. Y. Morphology – function relationship of ZnO: polar planes, oxygen vacancies, and activity [J]. J Phys Chem C. 2008, 112(31): 11859 – 11864.

[124] Wang, Y.; Herron, N. Quantum size effects on the exciton energy of CdS clusters [J]. Phys Rev B. 1990, 42 (11): 7253 – 7255.

[125] Fan, S. H.; Sun, Z. F.; Wu, Q. Z.; Li, Y. G. Adsorption and photocatalytic kinetics of azo dyes [J]. Acta Phys – Chim Sin. 2003, 19(1): 25 – 29.

[126] Li, G. T.; Qu, J. H.; Zhang, X. W.; Liu, H. J.; Liu, H. N. Electrochemically assisted photocatalytic degradation of Orange Ⅱ: influence of initial pH values [J]. J Mol Catal a – Chem. 2006, 259(1 – 2): 238 – 244.

[127] Paz, Y. Preferential photodegradation-why and how [J]. Cr Chim. 2006, 9(5 – 6): 774 – 787.

[128] Teekateerawej, S.; Nishino, J.; Nosaka, Y. Photocatalytic microreactor study using TiO_2 – coated porous ceramics [J]. J Appl Electrochem. 2005, 35(7 – 8): 693 – 697.

[129] Sun, Z. S.; Chen, Y. X.; Ke, Q.; Yang, Y.;

Yuan, J. Photocatalytic degradation of cationic azo dye by TiO_2/bentonite nanocomposite[J]. J Photoch Photobio A. 2002, 149(1 – 3): 169 – 174.

[130] Li, Y. M.; Lu, Y. Q.; Qiu, H. H.; Liu, Y.; Li, H. Y. Preparation and photocatalytic activity of Pt – modified TiO_2 pillared bentonite[J]. J Inorg Mater. 2005, 20(4): 902 – 906.

[131] Nguyen, D. B.; Thi, D. C. N.; Dao, T. P.; Tran, H. T.; Nguyen, V. N.; Ahn, D. H. Preparation, characterization and evaluation of catalytic activity of titania modified with silver and bentonite[J]. J Ind Eng Chem. 2012, 18(5): 1764 – 1767.

[132] Fang, T.; Liao, L. X.; Xu, X. J.; Peng, J. S.; Jing, Y. Q. Removal of COD and colour in real pharmaceutical wastewater by photoelectrocatalytic oxidation method [J]. Environ Technol. 2013, 34(6): 779 – 786.

[133] Eliyas, A.; Kumbilieva, K.; Iliev, V.; Rakovsky, S. Transferring concepts from classical catalysis to the new field of photocatalysis[J]. React Kinet Mech Cat. 2011, 102(2): 251 – 261.

[134] Leng, W. H.; Zhu, W. C.; Ni, J.; Zhang, Z.; Zhang, J. Q.; Cao, C. N. Photoelectrocatalytic destruction of organics using TiO_2 as photoanode with simultaneous production of H_2O_2 at the cathode[J]. Appl Catal a – Gen. 2006, 300(1): 24 – 35.

[135] Ananth, A.; Mok, Y. S. Synthesis of RuO_2 nanomaterials

under dielectric barrier discharge plasma at atmospheric pressure-influence of substrates on the morphology and application[J]. Chem Eng J. 2014, 239: 290 – 298.

[136] Evans, P. ; Sheel, D. W. Photoactive and antibacterial TiO$_2$ thin films on stainless steel[J]. Surf Coat Tech. 2007, 201(22 – 23): 9319 – 9324.

[137] Fang, T. ; Yang, C. ; Liao, L. X. Photoelectrocatalytic degradation of high COD dipterex pesticide by using TiO$_2$/Ni photo electrode[J]. J Environ Sci – China. 2012, 24(6): 1149 – 1156.

[138] Sanchez, B. ; Coronado, J. M. ; Caudal, R. ; Portela, R. ; Tejedor, I. ; Anderson, M. A. ; Tompkins, D. ; Lee, T. Preparation of TiO$_2$ coatings on PET monoliths for the photocatalytic elimination of trichloroethylene in the gas phase[J]. Appl Catal B – Environ. 2006, 66(3 – 4): 295 – 301.

[139] Canlas, C. P. ; Lu, J. L. ; Ray, N. A. ; Grosso – Giordano, N. A. ; Lee, S. ; Elam, J. W. ; Winans, R. E. ; Van Duyne, R. P. ; Stair, P. C. ; Notestein, J. M. Shape – selective sieving layers on an oxide catalyst surface[J]. Nat Chem. 2012, 4(12): 1030 – 1036.

[140] El Madani, M. ; Guillard, C. ; Perol, N. ; Chovelon, J. M. ; El Azzouzi, M. ; Zrineh, A. ; Herrmann, J. M. Photocatalytic degradation of diuron in aqueous solution in presence of two indus-

trial titania catalysts, either as suspended powders or deposited on flexible industrial photoresistant papers [J]. Appl Catal B – Environ. 2006, 65(1 – 2): 70 – 76.

[141] Xuan, S. H. ; Jiang, W. Q. ; Gong, X. L. ; Hu, Y. ; Chen, Z. Y. Magnetically separable Fe_3O_4/TiO_2 hollow spheres: fabrication and photocatalytic activity[J]. J Phys Chem C. 2009, 113(2): 553 – 558.

[142] Moreira, E. ; Fraga, L. A. ; Mendonca, M. H. ; Monteiro, O. C. Synthesis, optical and photocatalytic properties of a new visible – light – active $ZnFe_2O_4 – TiO_2$ nanocomposite material[J]. J Nanopart Res. 2012, 14(6): 1 – 10.

[143] Xu, S. H. ; Tan, D. D. ; Bi, D. F. ; Shi, P. H. ; Lu, W. ; Shangguan, W. F. ; Ma, C. Y. Effect of magnetic carrier $NiFe_2O_4$ nanoparticles on physicochemical and catalytic properties of magnetically separable photocatalyst $TiO_2/NiFe_2O_4$[J]. Chem Res Chinese U. 2013, 29(1): 121 – 125.

[144] Kojima, T. ; Gad – Allah, T. A. ; Kato, S. ; Satokawa, S. Photocatalytic activity of magnetically separable $TiO_2/SiO_2/Fe_3O_4$ composite for dye degradation[J]. J Chem Eng Jpn. 2011, 44(9): 662 – 667.

[145] Li, H. P. ; Zhang, W. ; Li, B. ; Pan, W. Diameter – dependent photocatalytic activity of electrospun TiO_2 nanofiber[J]. J

Am Ceram Soc. 2010, 93(9): 2503 – 2506.

[146] Shang, M.; Wang, W. Z.; Ren, J.; Sun, S. M.; Wang, L.; Zhang, L. A practical visible – light – driven Bi_2WO_6 nanofibrous mat prepared by electrospinning[J]. J Mater Chem. 2009, 19(34): 6213 – 6218.

[147] Zhu, F. L.; Chen, Y. F.; Cheng, Y. L.; Zhu, Y. Q.; Yan, X. B. Fabrication and magnetic properties of electrospun zinc ferrite hollow fibers[J]. Acta Phys – Chim Sin. 2012, 28(5): 1265 – 1268.

[148] Shang, M.; Wang, W. Z.; Zhang, L.; Sun, S. M.; Wang, L.; Zhou, L. 3D Bi_2WO_6/TiO_2 hierarchical heterostructure: controllable synthesis and enhanced visible photocatalytic degradation performances[J]. J Phys Chem C. 2009, 113(33): 14727 – 14731.

[149] Hurum, D. C.; Agrios, A. G.; Gray, K. A.; Rajh, T.; Thurnauer, M. C. Explaining the enhanced photocatalytic activity of Degussa P25 mixed – phase TiO_2 using EPR[J]. J Phys Chem B. 2003, 107(19): 4545 – 4549.

[150] Henderson, M. A.; Epling, W. S.; Peden, C. H. F.; Perkins, C. L. Insights into photoexcited electron scavenging processes on TiO_2 obtained from studies of the reaction of O_2 with OH groups adsorbed at electronic defects on TiO_2(110)[J]. J Phys Chem B. 2003, 107(2): 534 – 545.

[151]Li, F. B.; Li, X. Z.; Ao, C. H.; Hou, M. F.; Lee, S. C. Photocatalytic conversion of NO using TiO₂ – NH₃ catalysts in ambient air environment[J]. Appl Catal B – Environ. 2004, 54(4): 275 – 283.

[152] Gordon, T. R.; Cargnello, M.; Paik, T.; Mangolini, F.; Weber, R. T.; Fornasiero, P.; Murray, C. B. Nonaqueous synthesis of TiO₂ nanocrystals using TiF₄ to engineer morphology, oxygen vacancy concentration, and photocatalytic activity[J]. J Am Chem Soc. 2012, 134(15): 6751 – 6761.

[153] Bickley, R. I.; Gonzalezcarreno, T.; Lees, J. S. A structural investigation of titanium – dioxiede photocatalysts[J]. J Solid State Chem. 1991, 92(1): 178 – 190.

[154]Li, G. H.; Chen, L.; Graham, M. E.; Gray, K. A. A comparison of mixed phase titania photocatalysts prepared by physical and chemical methods: the importance of the solid – solid interface [J]. J Mol Catal a – Chem. 2007, 275(1 – 2): 30 – 35.

[155] Scotti, R.; D'Arienzo, M.; Morazzoni, F.; Bellobono, I. R. Immobilization of hydrothermally produced TiO₂ with different phase composition for photocatalytic degradation of phenol[J]. Appl Catal B – Environ. 2009, 88(3 – 4): 323 – 330.

[156]Xu, H. Controllable one – pot synthesis and enhanced photocatalytic activity of mixed – phase TiO₂ nanocrystals with tunable

brookite/rutile ratios [J]. J Phys Chem C. 2009, 113(5): 1785 – 1790.

[157] Li, G. H. ; Gray, K. A. The solid – solid interface: explaining the high and unique photocatalytic reactivity of TiO_2 – based nanocomposite materials [J]. Chem Phys. 2007, 339(1 – 3): 173 – 187.

[158] Zhang, L. S. ; Wang, W. Z. ; Yang, J. O. ; Chen, Z. G. ; Zhang, W. Q. ; Zhou, L. ; Liu, S. W. Sonochemical synthesis of nanocrystallite Bi_2O_3 as a visible – light – driven photocatalyst [J]. Appl Catal a – Gen. 2006, 308: 105 – 110.

[159] Liu, L. ; Jiang, J. ; Jin, S. M. ; Xia, Z. M. ; Tang, M. T. Hydrothermal synthesis of beta – bismuth oxide nanowires from particles[J]. Crystengcomm. 2011, 13(7): 2529 – 2532.

[160] Yin, L. F. ; Niu, J. F. ; Shen, Z. Y. ; Sun, Y. The electron structure and photocatalytic activity of Ti(Ⅳ) doped Bi_2O_3 [J]. Sci China Chem. 2011, 54(1): 180 – 185.

[161] Hameed, A. ; Montini, T. ; Gombac, V. ; Fornasiero, P. Surface phases and photocatalytic activity correlation of Bi_2O_3/Bi_2O_{4-x} nanocomposite [J]. J Am Chem Soc. 2008, 130(30): 9658 – 9659.

[162] Ardelean, I. ; Cora, S. ; Rusu, D. EPR and FT – IR spectroscopic studies of Bi_2O_3 – B_2O_3 – CuO glasses [J]. Physica

B. 2008, 403(19 - 20): 3682 - 3685.

[163] Eberl, J.; Kisch, H. Visible light photo - oxidations in the presence of alpha - Bi_2O_3 [J]. Photoch Photobio Sci. 2008, 7 (11): 1400 - 1406.

[164] Ye, L. Q.; Deng, K. J.; Xu, F.; Tian, L. H.; Peng, T. Y.; Zan, L. Increasing visible - light absorption for photo-catalysis with black BiOCl[J]. Phys Chem Chem Phys. 2012, 14(1): 82 - 85.

[165] Yin, L. F.; Niu, J. F.; Shen, Z. Y.; Sun, Y. The e-lectron structure and photocatalytic activity of Ti (IV) doped Bi_2O_3 [J]. Sci China Chem. 2011, 54(1): 180 - 185.

[166] Kovach, S. K.; Vasko, A. T. Determination of flat - band potentials from mott - schottky plots for semiconductors in the presence of surface - sates[J]. Sov Electrochem. 1985, 21(3): 326 - 326.

[167] 蔡伟民, 龙明策. 环境光催化材料与光催化净化技术 [M]. 上海: 上海交通大学出版社, 2011: 3 - 20.

[168] Kongmark, C.; Coulter, R.; Cristol, S.; Rubbens, A.; Pirovano, C.; Lofberg, A.; Sankar, G.; van Beek, W.; Bordes - Richard, E.; Vannier, R. N. A comprehensive scenario of the crystal growth of gamma - Bi_2MoO_6 catalyst during hydrothermal synthesis[J]. Cryst Growth Des. 2012, 12(12): 5994 - 6003.

[169] Murugan, R.; Gangadharan, R.; Kalaiselvi, J.; Su-

kumar, S. ; Palanivel, B. ; Mohan, S. Investigation of structural changes in the phase transformations of gamma – Bi_2MoO_6[J]. J Phys-Condens Mat. 2002, 14(15): 4001 – 4010.

[170] Kudo, A. ; Shimodaira, Y. ; Kato, H. ; Kobayashi, H. Photophysical properties and photocatalytic activities of bismuth molybdates under visible light irradiation[J]. J Phys Chem B. 2006, 110 (36): 17790 – 17797.

[171]la Cruz, A. M. D. ; Lozano, L. G. G. Photoassisted degradation of organic dyes by beta – $Bi_2Mo_2O_9$ [J]. React Kinet Mech Cat. 2010, 99(1): 209 – 215.

[172] Martinez – de La Cruz, A. ; Alfaro, S. O. Synthesis and characterization of gamma – Bi_2MoO_6 prepared by co – precipitation: photoassisted degradation of organic dyes under vis – irradiation[J]. J Mol Catal a – Chem. 2010, 320(1 – 2): 85 – 91.

[173]Xie, L. J. ; Ma, J. F. ; Xu, G. J. Preparation of a novel Bi_2MoO_6 flake – like nanophotocatalyst by molten salt method and evaluation for photocatalytic decomposition of rhodamine B [J]. Mater Chem Phys. 2008, 110(2 – 3): 197 – 200.

[174]Li, H. H. ; Liu, C. Y. ; Li, K. W. ; Wang, H. Preparation, characterization and photocatalytic properties of nanoplate Bi_2MoO_6 catalysts[J]. J Mater Sci. 2008, 43(22): 7026 – 7034.

[175] Shen, D. Z. ; Xie, H. D. ; Wang, X. Q. ; Shen,

G. Q. Microwave hydrothermal synthesis and visible – light photocatalytic activity of Bi_2WO_6 nanoplates [J] . Mater Chem Phys. 2007, 103 (2 – 3): 334 – 339.

[176] Zhou, F. ; Shi, R. ; Zhu, Y. F. Significant enhancement of the visible photocatalytic degradation performances of gamma – Bi_2MoO_6 nanoplate by graphene hybridization [J] . J Mol Catal a – Chem. 2011, 340(1 – 2): 77 – 82.

[177] Zhang, M. Y. ; Shao, C. L. ; Mu, J. B. ; Huang, X. M. ; Zhang, Z. Y. ; Guo, Z. C. ; Zhang, P. ; Liu, Y. C. Hierarchical heterostructures of Bi_2MoO_6 on carbon nanofibers: controllable solvothermal fabrication and enhanced visible photocatalytic properties [J]. J Mater Chem. 2012, 22(2): 577 – 584.

[178] Lai, K. R. ; Wei, W. ; Zhu, Y. T. ; Guo, M. ; Dai, Y. ; Huang, B. B. Effects of oxygen vacancy and N – doping on the electronic and photocatalytic properties of Bi_2MO_6(M = Mo, W) [J]. J Solid State Chem. 2012, 187: 103 – 108.

[179] Ji, T. H. ; Yang, F. ; Du, H. Y. ; Guo, H. ; Yang, J. S. Preparation and characterization of upconversion nanocomposite for beta – $NaYF_4$: Yb^{3+}, Er^{3+} – supported TiO_2 nanobelts [J] . J Rare Earth. 2010, 28(4): 529 – 533.

[180] Xue, X. J. ; Qin, W. P. ; Zhang, D. S. ; Zhao, D. ; Wei, G. D. ; Zheng, K. Z. ; Wang, L. L. ; Wang, G. F. Synthesis

and upconversion luminescence of $NaYF_4$: Yb^{3+}, Tm^{3+}/TiO_2 nanocrystal colloidal solution [J]. J Nanosci Nanotechno. 2010, 10(3): 2028 – 2031.

[181] Ling, Y. H.; Jiang, W. F.; Wu, X. M.; Bai, X. D. Preparation and visible light photocatalytic properties of (Er, La, N) – codoped TiO_2 nanotube array films[J]. J Nanosci Nanotechno. 2009, 9(2): 714 – 717.

[182] Wang, W. L.; Shang, Q. K.; Zheng, W.; Yu, H.; Feng, X. J.; Wang, Z. D.; Zhang, Y. B.; Li, G. Q. A novel near-infrared antibacterial material depending on the upconverting property of $Er^{3+} – Yb^{3+} – Fe^{3+}$ tridoped TiO_2 nanopowder[J]. J Phys Chem C. 2010, 114(32): 13663 – 13669.

[183] Mai, H. X.; Zhang, Y. W.; Sun, L. D.; Yan, C. H. Highly efficient multicolor up – conversion emissions and their mechanisms of monodisperse $NaYF_4$: Yb, Er core and core/shell – structured nanocrystals [J]. J Phys Chem C. 2007, 111(37): 13721 – 13729.

[184] Li, C. H.; Wang, F.; Zhu, J. A.; Yu, J. C. $NaYF_4$ Yb, Tm/CdS composite as a novel near – infrared – driven photocatalyst[J]. Appl Catal B – Environ. 2010, 100(3 – 4): 433 – 439.

[185] Tang, Y. N.; Di, W. H.; Zhai, X. S.; Yang, R. Y.; Qin, W. P. NIR – responsive photocatalytic activity and mechanism of

NaYF$_4$:Yb, Tm@ TiO$_2$ core – shell nanoparticles[J]. Acs Catal. 2013, 3(3): 405 – 412.

[186] Ye, Y. X. ; Hu, X. Y. ; Yan, Z. Y. ; Liu, E. Z. ; Fan, J. ; Zhang, D. K. ; Miao, H. ; Shang, Y. B. ; Yang, J. Preparation of NaYF$_4$:Er^{3+}/TiO$_2$ composite and up – conversion luminescence properties under visible light excitation[J]. Chinese Phys B. 2011, 20(8).

[187] Zhang, D. S. ; Zhao, D. ; Zheng, K. Z. ; Liu, N. ; Qin, W. P. Synthesis and upconversion luminescence of NaYF$_4$:Yb, Tm/TiO$_2$ core/shell nanoparticles with controllable shell thickness[J]. J Nanosci Nanotechno. 2011, 11(11): 9761 – 9764.

[188]Zhang, C. ; Zhu, Y. F. Synthesis of square Bi$_2$WO$_6$ nanoplates as high – activity visible – light – driven photocatalysts [J]. Chem Mater. 2005, 17(13): 3537 –3545.

[189] Li, Z. Q. ; Chen, X. T. ; Xue, Z. L. Bi$_2$MoO$_6$ microstructures: controllable synthesis, growth mechanism, and visible – light – driven photocatalytic activities [J]. Crystengcomm. 2013, 15(3): 498 –508.

[190] Long, M. C. ; Cai, W. M. ; Kisch, H. Photoelectrochemical properties of nanocrystalline Aurivillius phase Bi$_2$MoO$_6$ film under visible light irradiation[J]. Chem Phys Lett. 2008, 461(1 –3): 102 – 105.

[191] Hoffmann, M. R.; Martin, S. T.; Choi, W. Y.; Bahnemann, D. W. Environmental applications of semiconductor photocatalysis[J]. Chem Rev. 1995, 95(1): 69 – 96.

[192] Chen, F.; Zhang, S. J.; Bu, W. B.; Chen, Y.; Xiao, Q. F.; Liu, J. A.; Xing, H. Y.; Zhou, L. P.; Peng, W. J.; Shi, J. L. A uniform sub – 50 nm – sized magnetic/upconversion fluorescent bimodal imaging agent capable of generating singlet qxygen by using a 980 nm Laser [J] . Chem – Eur J. 2012, 18 (23): 7082 – 7090.

[193] Zhang, Z. J.; Wang, W. Z.; Yin, W. Z.; Shang, M.; Wang, L.; Sun, S. M. Inducing photocatalysis by visible light beyond the absorption edge: effect of upconversion agent on the photocatalytic activity of Bi_2WO_6 [J]. Appl Catal B – Environ. 2010, 101 (1 – 2): 68 – 73.

[194] Zhou, T. F.; Hu, J. C.; Li, J. L. Er^{3+} doped bismuth molybdate nanosheets with exposed (010) facets and enhanced photocatalytic performance [J] . Appl Catal B – Environ. 2011, 110: 221 – 230.

[195] Drew, C.; Wang, X. Y.; Senecal, K.; Schreuder – Gibson, H.; He, J. N.; Kumar, J.; Samuelson, L. A. Electrospun photovoltaic cells [J]. J Macromol Sci Pure. 2002, A39 (10): 1085 – 1094.

［196］Li, D. ; Herricks, T. ; Xia, Y. N. Magnetic nanofibers of nickel ferrite prepared by electrospinning［J］. Appl Phys Lett. 2003, 83(22): 4586 – 4588.

［197］Lu, X. F. ; Zhang, W. J. ; Zhao, Q. D. ; Wang, L. F. ; Wang, C. Luminescent polyvinylpyrrolidone/ZnO hybrid nanofibers membrane prepared by electrospinning［J］. E – Polymers. 2006.

［198］Li, C. J. ; Zhai, G. J. ; Fu, Z. Y. ; Wang, P. J. ; Chang, M. ; Li, X. N. Fabrication and photocatalytic property of TiO_2 nanofibers［J］. Chinese J Inorg Chem. 2006, 22(11): 2061 – 2064.

［199］Xu, Y. ; Liang, Y. T. ; Jiang, L. J. ; Wu, H. R. ; Zhao, H. Z. ; Xue, D. S. Preparation and magnetic properties of $ZnFe_2O_4$ nanotubes［J］. J Nanomater. 2011: 1 – 5.

［200］Narayanasamy, A. ; Jeyadevan, B. ; Chinnasamy, C. N. ; Ponpandian, N. ; Greneche, J. M. Structural, magnetic and electrical properties of spinel ferrite nanoparticles［C］. Ninth International Conference on Ferrites (Icf – 9). 2005: 867 – 875.

［201］Zhou, Z. H. ; Xue, J. M. ; Chan, H. S. O. ; Wang, J. Nanocomposites of $ZnFe_2O_4$ in silica: synthesis, magnetic and optical properties［J］. Mater Chem Phys. 2002, 75(1 – 3): 181 – 185.

［202］Valenzuela, M. A. ; Bosch, P. ; Jimenez – Becerrill, J. ; Quiroz, O. ; Paez, A. I. Preparation, characterization and photocatalytic activity of ZnO, Fe_2O_3 and $ZnFe_2O_4$［J］. J Photoch Photobio

A. 2002, 148(1 – 3): 177 – 182.

[203]Li, S. B.; Lu, G. X. Hydrogen – production by H_2S photocatalytic decomposition[J]. New J Chem. 1992, 16(4): 517 – 519.

[204]Fan, G. L.; Gu, Z. J.; Yang, L.; Li, F. Nanocrystalline zinc ferrite photocatalysts formed using the colloid mill and hydrothermal technique [J]. Chem Eng J. 2009, 155 (1 – 2): 534 – 541.

[205]Zhao H T, Liu R P, Zhang Q, Wang Q. Effect of surfactant amount on the morphology and magnetic properties of monodisperse $ZnFe_2O_4$ nanoparticles[J]. MaRBu, 2016, 75: 172 – 177.

[206]Vidya R, Venkatesan K. Preparation and characterization of zinc ferrite ($ZnFe_2O_4$) nanoparticles using self – propagated combustion route and evaluation of antimicrobial activity[J]. Research Journal of Pharmaceutical Biological & Chemical Sciences, 2015, 6 (1): 537 – 542.

[207]Butler M A. Photoelectrolysis and physical – properties of semiconducting electrode WO_3[J]. JAP, 1977, 48(5): 1914 – 1920.

[208]Lv H J, Ma L, Zeng P, Ke D N, Peng T Y. Synthesis of floriated $ZnFe_2O_4$ with porous nanorod structures and its photocatalytic hydrogen production under visible light[J]. JMCh, 2010, 20(18): 3665 – 3672.

[209]Movahedi M, Kazemi – Cheryani F, Rasouli N, Rasouli

N, Slavati H. ZnFe$_2$O$_4$ nanoparticle: synthesis and photocatalytic activity under UV – Vis and visible light[J]. Iranian Chemical Communication, 2015, 3: 166 – 173.

[210] Zhang, L. Y.; Yin, L. W.; Wang, C. X.; Lun, N.; Qi, Y. X. Sol – gel growth of hexagonal faceted ZnO prism quantum dots with polar surfaces for enhanced photocatalytic activity[J]. Acs Appl Mater Inter. 2010, 2(6): 1769 – 1773.

[211] Lu, G. Q.; Yang, H. G.; Sun, C. H.; Qiao, S. Z.; Zou, J.; Liu, G.; Smith, S. C.; Cheng, H. M. Anatase TiO$_2$ single crystals with a large percentage of reactive facets[J]. Nature. 2008, 453(7195): 634 – 638.

[212] Tanaka, K.; Capule, M. F. V.; Hisanaga, T. Effect of Crystallinity of TiO$_2$ on its photocatalytic action [J]. Chem Phys Lett. 1991, 187(1 – 2): 73 – 76.

[213] Shang, M.; Wang, W. Z.; Sun, S. M.; Zhou, L.; Zhang, L. Bi$_2$WO$_6$ nanocrystals with high photocatalytic activities under visible light[J]. J Phys Chem C. 2008, 112(28): 10407 – 10411.

[214] Stewart, S. J.; Figueroa, S. J. A.; Sturla, M. B.; Scorzelli, R. B.; Garcia, F.; Requejo, F. G. Magnetic ZnFe$_2$O$_4$ nanoferrites studied by X – ray magnetic circular dichroism and Mossbauer spectroscopy[J]. Physica B. 2007, 389(1): 155 – 158.

［215］Ayyappan, S. ; Raja, S. P. ; Venkateswaran, C. ; Philip, J. ; Raj, B. Room temperature ferromagnetism in vacuum annealed ZnFe$_2$O$_4$ nanoparticles［J］. Appl Phys Lett. 2010, 96 (14): 143106 − 1 − 3.